AF328116


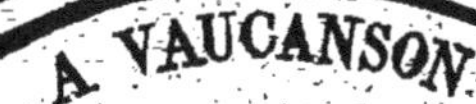

A. VAUCANSON
PRINCE DES MÉCANICIENS
INSPECTEUR DES MANUFACTURES DE SOIE. 1709-1782
L'INDUSTRIE DES SOIES RECONNAISSANTE
1875

# VAUCANSON

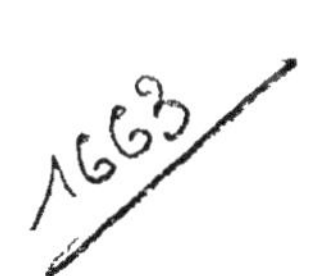

# ÉTUDES SÉRITECHNIQUES

sur

# VAUCANSON

par

## Isidore HEDDE

Ancien ouvrier et fabricant de soieries, Délégué du ministère de l'agriculture
et du commerce pour l'étude de la soie en Chine

<table>
<tr><td>PARIS<br>EUGÈNE LACROIX<br>LIBRAIRE<br>54, rue des Saints-Pères</td><td>GRENOBLE<br>XAVIER DREVET<br>LIBRAIRE<br>14, rue Lafayette</td></tr>
</table>

**LYON**

LE MONITEUR DES SOIES
14, rue de la Bourse

—

1876

Fig. 1. — Portrait authentique.

# VAUCANSON

I

*Au point de vue des inventions séritechniques, principalement du métier automoteur et de l'appareil mécanique, propre à accélérer le tissage des étoffes façonnées, improprement appelé mécanique à la Jacquard.*

> Vaucanson, le plus grand des mécaniciens,
> S'illustra parmi les académiciens ;
> Inventeur d'un outil qui façonne la soie,
> D'un rapide tissage il indiqua la voie.

Le nom de ce célèbre personnage s'écrit également *Vaucanson* et *Vocanson*, par *au* ou simplement par *o*. La première dénomination, la plus employée, résulte de l'orthographe adoptée, dans les derniers temps, par l'éminent mécanicien-académicien, principalement pour l'exposition publique de ses chefs-d'œuvre. Nous en avons différents spécimens, dans plusieurs de ses lettres, notamment dans une, datée du 17 mai 1753 , rapportée dans les *Mélanges historiques sur Lyon*, par P.-M. Gonon, 1847. (*Coll. Coste*, nº 109 et 8,719 *Cab.* 109, *Bibl. pub.*).

Fig. 2. — *Signature moderne.*

La seconde dénomination est celle de son extrait de naissance, en 1709, et de plusieurs autographes de sa correspondance privée, mentionnée dans le *Bulletin de statistique* de l'Isère, pour 1843 : elle a été abandonnée, quoique la plus rationnelle. Voici le spécimen offert dans une lettre écrite en 1735.

*Vocanson*

*Fig.* 3. — *Signature ancienne.*

Quant à la particule *de*, ajoutée sans explication, par les biographes (1), au nom de *Jacques de Vaucanson*, elle semble une superfétation inutile, qui n'ajoute rien à son mérite et à son génie ; néanmoins, cette distinction de la particule *de* se remarque sur différents actes de l'Académie. Il se pourrait donc qu'il eût été anobli, à cause de sa valeur exceptionnelle, comme l'ont été, dans le temps, nos premières notabilités industrielles et commerciales de Lyon, de Saint-Chamond, etc. On ne doit pas oublier qu'alors les titres de noblesse étaient considérés comme des signes distinctifs du mérite et de l'honneur. Toutefois, fils d'un simple marchand gantier, Vaucanson ne figure sur aucun armorial : il n'en a pas moins été une des gloires les plus pures, d'une part, de l'ancienne et modeste bourgeoisie qui, sous le vieux régime, fournissait abondamment des hommes d'élite aux classes supérieures de la société et, d'autre part, de l'Académie royale des sciences, quand cette illustre corporation s'est recrutée indistinctement, dans tous les rangs, de sujets d'un ordre véritablement élevé, au point de vue des sciences, des arts et des manufactures.

La maison où naquit Vaucanson, à Grenoble, est située dans la rue *Chenoise* (2) qui, en 1792, échangea son nom d'an-

---

(1) Biographie Michaud, de Kœfer, du Dauphiné, par Rochas, etc.

(2) *Chenoise*, jadis rue *Chaunaise*, ainsi appelée du nom de l'ancienne famille noble de *Chaunais*, citée en 1221, dans l'histoire générale du Dauphiné, par Chorier. La dénomination, en basse latinité, de *Chaunesia*, appliquée à une dame, mentionnée dans le Cartulaire des Dominicains de Grenoble, par l'abbé Chevalier, semblerait se rapporter à une personne de la même origine.

Quant à l'étymologie de *Vaucanson*, primitivement *Vocqnson*, nous la trouvons naturellement et sans effort, dans le sens des deux termes, qui composent ce nom. Cette recherche n'aboutit, à la vérité, qu'à un jeu d'esprit, du

tique noblesse contre celui du moderne savant. Depuis, on a
eu le bon goût de restituer à la rue Chenoise son nom origi-
naire et de donner à une nouvelle rue de la même ville l'illustre
nom de Vaucanson. Rendons à Dieu ce qui appartient à Dieu
et à chacun ce qui est à chacun. Cette maison, où naquit le
prince des mécaniciens modernes, est encore assez bien
conservée, elle présente encore certaines sculptures, style
Renaissance , xvii<sup>e</sup> siècle. Elle est pieusement visitée par
les vrais amis des sciences, des arts et des manufactures,
tandis que des touristes inconscients, trompés par les faux
rapports d'une littérature dévoyée , se portent au cimetière
d'Oullins, près de Lyon, et honorent un mythe créé par acci-
dent, une idole, fruit de l'intrigue et du mensonge.

Il existe plusieurs portraits de Vaucanson :

1° Buste en plâtre, fait par Budlot, en 1783, l'année qui a
suivi la mort de Vaucanson. C'est celui que nous croyons le
plus vrai et dont nous avons orné cette notice. Il donne une
idée des traits fins et distingués de l'illustre Grenoblois, vrai
type du gentilhomme lettré de la noble monarchie française.
Il a été relégué, on ne sait pourquoi, dans une pièce reculée
du Conservatoire des arts et métiers de Paris. A cause de son
importance, nous en avons fait exécuter deux copies.

La composition, style Louis XVI, du premier portrait, placé

genre de ces combinaisons singulières que l'on a classées parmi les amusements
de la littérature badine *Nugæ amœnæ*, mais qui offrent quelquefois d'une
manière favorable la véritable physionomie du sujet. On est heureux, dans
la circonstance présente, de pouvoir signaler de pareilles concordances.

Le premier terme dérive évidemment du participe latin *vocans*, c'est-à-dire
appelant, évoquant, comme dans ce passage de Virgile : *Voce vocans
Hecaten*..... évoquant Hécate.

Le second terme *on* est un simple suffixe, commun à beaucoup de noms de
différents pays, et qui est représenté en latin par la terminaison *tio*, comme
dans *actio, confectio, creatio, expositio, evocatio, fabricatio, glorificatio,
imaginatio, motio, perfectio, rotatio, vocatio*, etc., termes offrant tous certains rapprochements avec le personnage dont il s'agit, le décrivant même,
dans toutes les phases de sa vie si bien remplie, et s'identifiant complétement
avec lui. Que l'on compare cette étymologie, fortuite il est vrai, mais parfaitement exacte, avec celle non moins rationnelle d'un tout autre personnage,
insérée dans l'*Essai sur l'origine de la fabrique lyonnaise !*

en tête de ce Mémoire, est de M. Emile Giraud, peintre au Puy-en-Velay, auteur du grand tableau, représentant l'inauguration de la statue de la Vierge, sur le rocher de Corneille, l'exécution du dessin sur bois est de M. Alexandre Sage, artiste lyonnais. La composition et l'exécution du second portrait, accompagné d'attributs relatifs au génie du savant académicien-mécanicien, est de M. André Steyer, autre artiste de Lyon; il sera inséré à la fin de cette notice. Les gravures de ces deux tableaux, ainsi que d'autres placées dans le cours du Mémoire, sont de M. Siméon Magdelin, de Grenoble.

2° Portrait à l'huile, œuvre et don de Boze (1) en 1784. Il décore une des salles de l'Institut de France. La physionomie et le costume peuvent donner à penser qu'il a été fait d'après le précédent modèle. Néanmoins, le peintre a pu avoir d'autres données, puisqu'il ne s'était écoulé que deux ans, depuis la mort de Vaucanson, et qu'il avait alors trente-huit ans. Il existe, dans une salle de la bibliothèque de Grenoble, un portrait à l'huile du célèbre académicien, j'ignore qui en est l'auteur.

3° Plusieurs médaillons en bronze, ornant l'intérieur des appartements du Conservatoire des arts et métiers de Paris, dont un qui représente le grand mécanicien en catogan, ayant à sa gauche le canard automate, à sa droite le joueur de flûte, qui m'a rappelé la grotesque chanson des canuts lyonnais, lors de l'émeute de 1744, citée par Gonon,

> Y fait chia los canards
> E (dansa) la marionetta, etc.

Un autre, également en bronze, est l'œuvre pieuse de M. Tresca, un des successeurs de Vaucanson;

---

(1) Joseph Boze, peintre de portraits à l'huile et au pastel, né aux Martigues, en Provence, vers 1746, mort à Paris, en 1826. C'était, d'après le *Catalogue du Louvre*, un artiste de talent, puisqu'il fut admis à faire les portraits de Louis XVI et de Marie-Antoinette. Au *Salon de la correspondance*, il a figuré, dit le livret, un pastel de 1782, représentant Vaucanson. Nous ignorons ce qu'il est devenu. Boze faillit payer de sa vie son dévouement à la famille royale, il avait été lié, dans sa jeunesse, avec Vaucanson et avait puisé chez celui-ci des connaissances mécaniques.

4° Statue en pied, riche manteau de cour, habit long à larges boutons, culottes courtes et souliers à boucles, œuvre admirée, faite en 1862 par Elias Robert et qui fait pendant, sur le grand escalier du Conservatoire, à celle d'Olivier de Serres. N'y aurait-il pas là une réminiscence des titres de noblesse attribués à Vaucanson? Le génie n'a pas besoin de pareils auxiliaires.

5° Buste en marbre, par Victor Chappuis, de Grenoble, dans la galerie dite des *filatures*, au Conservatoire des arts et métiers de Paris, et reproduit dans l'*Album du Dauphiné*. Le sculpteur a parfaitement rendu l'expression calme, réfléchie d'un grand mathématicien, mais en a-t-il reproduit la parfaite ressemblance. Le buste en question me parait avoir une pose trop antique. Il existe un modèle en plâtre, déposé à la mairie de Grenoble, j'ignore si c'est l'œuvre de V. Chappuis ou une copie en plâtre de Budlot. On annonce que la ville de Grenoble doit ériger prochainement une statue en pied, œuvre du même sculpteur. Puisse l'artiste s'inspirer du génie et des grandes œuvres de son célèbre compatriote !

Il serait à désirer qu'une personne ou qu'un établissement protecteur des sciences, des arts et des manufactures, eût l'idée d'offrir à l'Institut une somme assez considérable, destinée à fonder un prix, en récompense du meilleur ouvrage sur l'historique raisonné des inventions et des découvertes de Vaucanson. Cette œuvre devrait être accompagnée de ses appareils et de ses métiers, avec les plans et dessins de son portefeuille, déposé au Conservatoire, ainsi que des rapports faits par lui ou par d'autres personnages et insérés, soit dans les mémoires de l'Académie nationale des sciences, soit dans d'autres publications. Un fait, entre tous, démontre l'utilité de mettre au jour les originaux de ce portefeuille. C'est la connaissance des engrenages différentiels qui s'y trouvaient, et dont quelques-uns avaient été antérieurement décrits par Hook quoique depuis, sans application connue, jusque-là en France. M. Pecker les a introduits avec succès dans plusieurs transmissions mécaniques. Mais, qui sait combien d'autres emprunts ont pu être faits clandestinement par d'autres personnes plus ou moins capables, et sait-on quels en ont été les résultats (1) ? Cet hommage serait encore plus digne et plus utile que l'érection de la plus belle statue en bronze ou en marbre. La Chambre de commerce de Lyon si puissante, si empressée pour l'encouragement des sciences et des arts, trouverait, dans cette circonstance, une magnifique occasion de rendre service à toutes les industries et de faire effacer l'oubli de la fabrique lyonnaise envers Vaucanson.

## II

*Origine du métier automoteur.*

Avant d'entrer dans le vif des découvertes de Vaucanson, disons quelques mots d'un homme qui l'a précédé dans la carrière si utile de la mécanique et qui a été jusqu'à ce jour complétement ignoré de notre fabrique lyonnaise. Je veux parler d'un officier de marine, appelé *de Gennes*, l'un des plus habiles praticiens des temps modernes, et dont nous avons pris à cœur de restaurer l'illustration, sans nuire à celle de son successeur.

(1) M. Vital de Valous, sous-bibliothécaire au palais Saint-Pierre, auquel on doit tant de recherches sur les origines de la fabrique lyonnaise, m'a assuré tenir de M. Tisseur, secrétaire actuel de la Chambre de commerce de Lyon, qu'il existait jadis, dans les archives de cet établissement, des manuscrits de Vaucanson, qui ont disparu. Les auteurs de l'*Essai sur la fabrique lyonnaise* qui signalent ce fait, présentent la coïncidence des soustractions avec l'époque de la présentation de la machine, dite *Jacquard*, 1801-1806, ce qui porterait à croire que les soustracteurs avaient intérêt à cacher la vérité, malgré l'imperfection de ladite machine. Ces auteurs font aussi allusion aux influences particulières qui s'agitèrent en faveur de Jacquard, et promettent des révélations sur les motifs peu avouables qui les excitèrent, malgré l'évidence du dommage qué cette machine, dite *Jacquard*, a causé à l'Etat, à la Ville et à la Fabrique.

*Fig. 1. — Signature originale.*

Il résulte du dossier du comte de Gennes, au ministère de la marine et des colonies, à Paris, que ce personnage remarquable, précurseur de Vaucanson, était volontaire de marine en 1673, enseigne en 1677, lieutenant de frégate en 1680, lieutenant de vaisseau en 1685, capitaine de vaisseau et commandant d'une frégate sur les côtes d'Afrique de 1695 à 1697, gouverneur de l'île Saint-Christophe en 1698, enfin, qu'il a été fait prisonnier par les Anglais sur le vaisseau la *Thétis* (1704), et est mort à Plymouth en 1705.

Le P. Labat, dans son livre intitulé *Nouveau voyage en* 1722, dit : « De Gennes était un homme d'un esprit merveilleux pour les mathématiques, et surtout pour cette partie qui regarde la mécanique. Il avait inventé plusieurs machines très-belles, très-curieuses et très-utiles, comme des canons et des mortiers brisés ; des flèches pour brûler les voiles des vaisseaux ; des horloges sans ressorts et sans contre-poids , toutes d'ivoire ; un paon (que le P. Labat dit avoir vu) qui marchait et digérait (probablement imité plus tard par Vaucanson) ; une boule aplatie à ses deux pôles, qui montait d'elle-même, à l'aide d'un ressort intérieur, sur un plan presque perpendiculaire et qui descendait doucement et sans tomber, lorsque le ressort qu'elle renfermait était arrivé à son terme. Il avait fait aussi une infinité d'autres ouvrages. »

Dans le *Journal des savants* de 1678, on voit que de Gennes présenta à l'Académie des sciences, dans le courant de la même année, deux machines de son invention. L'une est une horloge ascendante, sur un plan incliné ; l'autre est un métier à faire de la toile unie, qui se ployait elle-même à mesure qu'elle se fabriquait. Dans l'ouvrage intitulé *Essai sur l'origine de la fabrique lyonnaise*, 1^re époque, MM. Marin et Hedde ont donné la description détaillée de ce dernier appareil. Cette description a de plus été reproduite dans la *Gazette littéraire de Lyon*, en date du 14 novembre 1874.

Voici la figure réduite de ce métier, confectionné en miniature, par M. Marin aîné et exposé, tant au Conservatoire de Paris qu'à celui de Lyon, d'après un dessin inséré au *Journal des Savants*, déjà cité. Mais, malgré l'habileté du mécanicien, malgré la longue explication insérée dans le même ouvrage, page 318, on ne peut décider, d'une manière absolue, si le métier ainsi figuré en miniature, sous la mention U, K, 86, n° 6,862 a pu être susceptible de fonctionner, dans un état naturel, il aurait fallu établir un métier en grandeur suffisante.

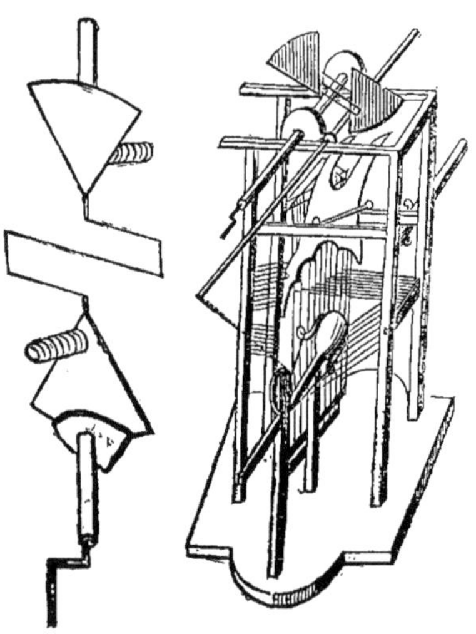

Fig. 5. — Métier de de Gennes.

La pièce capitale est une double paire de *cames* (1), l'une supérieure, figurée par deux volants ou ailerons en bois, représentés sur le dessin ci-dessus, au double de grandeur des autres pièces du métier. Ce sont des quarts de cercle fermés et rentrants, montés excentriquement sur un arbre ou tige de fer horizontal,à deux coudes et à une manivelle, placée à l'une de ses extrémités. Ces ailerons, munis de deux boudins régulateurs, agissent sur une autre paire d'espèce de cames, placée inférieurement, et figurée par deux courbes de fer placées au haut du battant, ce qui le fait mouvoir et le tient reculé, pendant tout le temps du passage de la navette.

C'est donc de la manivelle que part toute l'action du métier, qui peut être mis en mouvement par toute espèce d'agent. Tel est le principe primitif de toute pièce automotrice ou mécanique. Les Babyloniens, dans la construction du temple de Bélus, les Assyriens, dans celle des jardins suspendus, les Egyptiens,dans celle des pyramides,les Chinois, dans celle de la grande muraille ; Archytas de Tarente et Archimède de Syracuse, dans l'usage des balistes, durent tous connaître l'emploi des cames. L'application des lois du mouvement, de la projection, de l'équilibre et des forces alternatives avaient-elles pu échapper aux mécaniciens de l'antiquité?

Tel a été le principe adopté par de Gennes et qui a été employé pour tous les métiers automoteurs « self acting » ou mécaniques, propres au tissage, à la barre, à tulle, etc., mus par manége, eau, vapeur, etc. Nous verrons le parti qu'à su en tirer Vaucanson, tout en le multipliant et en le perfectionnant.

Le nom de de Gennes se lie trop à celui de Vaucanson, il

(1) *Came*, du grec *chémé*, genre de coquille marine et par similitude *baillement*, par extension *ouverture*. Le radical grec *chainein* signifie *s'entr'ouvrir*, être *entr'ouvert*, être *béant*, *avoir la bouche béante*. Le latin en a fait, *camera*, qui veut dire *arcade*, *voûte* et *cameratus*, *courbé*, *voûté*. Les cames, en anglais *cams*, *slopes*, *tappets*, *grades*, d'après le dictionnaire de marine de MM. Bonnefous et Paris, servent à produire beaucoup de mouvements alternatifs différents : elles prennent souvent le nom de *noix* et s'emploient au mouvement de la soupape de distribution de certains appareils : on les nomme aussi *boutons* et *ergots*.

intéresse trop l'histoire de la fabrique lyonnaise, pour que nous n'ayons pas consulté tout ce qui peut se rapporter à cette grande illustration. D'après la *Biographie bretonne* de M. Levot, bibliothécaire de la marine, à Brest, N. de Gennes, de famille noble de Bretagne, tirait son nom de la paroisse de Gennes, à 3 lieues (17 kilomètres) de Vitré (Ille-et-Vilaine). Il travaillait chez son père, que des revers de fortune avaient forcé à embrasser une profession mécanique, lorsque le maréchal de Vivonne, passant en Bretagne, et remarquant en lui de grandes dispositions, le tira de la boutique paternelle l'emmena à Messine et, l'ayant pris en affection, le fit entrer dans la marine (1673).

De Gennes servit avec beaucoup de distinction et, ayant été remarqué par MM. de Pontchartrain (1667) et de Seignelay (1676), il fut chargé par eux de différentes missions, dont il s'aquitta si bien, qu'il franchit successivement tous les différents grades, parvint rapidement à celui de capitaine de vaisseau (1691) et fut nommé chevalier de Saint-Louis, distinction alors réservée exclusivement au vrai mérite. Il fut, en outre, gratifié de pensions considérables, pour lui et sa famille. Parmi les récompenses qu'il reçut, se trouvait une grande étendue de terres à Cayenne. Louis XIV les ayant réunies en seigneurie, sous le nom de *comté d'Oyac*, c'est ce qui fait que cet officier est souvent désigné, sous le titre de *comte de Gennes.*

La partie française de l'île Saint-Christophe ayant été restituée à la France, par le traité de Ryswyk, de Gennes en fut nommé gouverneur. Mais il eut le malheur, peu de temps après, d'être assailli par des forces anglaises supérieures, et, privé de moyens suffisants de résistance et de secours, il fut obligé de capituler. Poursuivi par des haines et des jalousies particulières, obligé de se rendre en France pour se défendre, il tomba de nouveau entre les mains des Anglais et mourut misérablement sur un ponton, en 1705 (1). Telle fut la carrière

(1) Le comte de Gennes avait un fils, Jean-Guillaume, né en 1699, à la Rochelle, devenu archi-diacre de la cathédrale de cette dernière ville. La branche d'Oyac est éteinte. Voir l'*Armorial de la noblesse de France*, par M. d'Auriac. Note de M. Félix de Gennes, à Vitré.

et la fin d'un de nos plus célèbres mécaniciens, d'un émule et successeur d'Archimède, du précurseur de Vaucanson, d'un artiste supérieur qui a marqué sa place d'une manière toute particulière, dans l'art du tissage. Un autre écrivain, mieux renseigné peut-être, mais non moins consciencieux que moi, aura à examiner la cause d'une fin si déplorable et à réhabiliter une mémoire injustement attaquée : il devra surtout comparer l'oubli observé à son égard, ainsi que le silence gardé jusqu'ici à Lyon, envers son successeur Vaucauson, avec les honneurs inqualifiables, décernés de nos jours à certain déserteur de l'art du tissage, faux ouvrier en soie, faux mécanicien, aussi célèbre que triste personnage.

## III

*Tableau comparatif des inventions diverses.*

Revenons à notre sujet qui a pour but d'étudier les inventions séritechniques et principalement le métier automoteur, en anglais *self-acting*, ainsi que l'appareil mécanique propre à accélérer le tissage des étoffes façonnées, appareil improprement appelé *mécanique à la Jacquard*. Le catalogue des inventions de Vaucanson, publié l'an II de la République (1794), sous le titre de *Instruction sur la manière d'inventorier*, donne une nomenclature assez complète des modèles de machines inventées par lui et qui ont été exposées, dès le principe, en son hôtel de Mortagne, rue de Charonne, 12, puis au Conservatoire des arts et métiers de Paris, rue Saint-Martin, 292. Mais l'appareil sur lequel tout homme honnête et consciencieux, tout ouvrier tisseur jaloux de la dignité de sa profession artistique, tout Lyonnais surtout désireux de conserver intact l'honneur de ses véritables illustrations, le dépôt de sa probité professionnelle, doivent porter une sérieuse attention, c'est le *métier automoteur* self-acting, c'est le *mécanisme propre à accélérer le travail du façonné*, celui dans lequel Vaucanson, par la plus excessive délicatesse de sentiments et les plus grandes ressources du génie, avait réuni, en les reliant et en les perfectionnant, toutes les inventions antérieures des anciens tisseurs et mécaniciens, tant de Lyon que d'ailleurs.

C'est ce merveilleux mécanisme qu'une série inouïe d'erreurs, de méprises, de mystifications, fruit de l'esprit de parti, de secte, du dévergondage de l'imagination, a fait attribuer à Jacquard, qui n'avait été ni véritable ouvrier en soie, ni véritable mécanicien, mais seulement fondeur, relieur, carrier, carrioleur, soldat et marchand de chapeaux de paille, surtout exploiteur, désorganisateur et détraqueur (1) des inventions d'autrui. Un chef-d'œuvre de mécanisme pouvait-il surgir spontanément du cerveau d'un ignorant !

En voici la preuve : En 1772, à l'âge de vingt ans, après la mort de son père, ancien maître tisseur en étoffes brochées, Jacquard, qui, dès l'âge le plus tendre, six à sept ans, avait abandonné la maison et la profession de ses parents, acheta un atelier ; mais n'entendant rien au métier, il fit bientôt de mauvaises affaires. Dans son contrat de mariage, en 1778, et, l'année suivante, au baptême de son fils, il prit la qualité de *maître fabricant.*

·Or, comme avant 1789, pour entrer dans la maîtrise des ouvriers en soie, il fallait quatre ans d'apprentissage et six ans de compagnonnage, nous ne voyons nulle part de traces de la présence effective de Jacquard, en fabrique, pour l'accomplissement de ces formalités. Mais, comme dans certaines corporations les fils de maîtres pouvaient, avant 1789, se qualifier du titre de maîtres, sans apprentissage ni compa-

---

(1) *Détraqueur* du verbe détraquer qui signifie déranger, désorganiser. Il dérive de la particule privative *de* et du vieux mot *trac*, qui signifie vertige. **Regnard** avait dit dans ce sens :

> Deux yeux charmants avaient, pour ma ruine,
> Détraqué les ressorts de toute la machine.

Les mots *détraqueur* et *détraquation* ou *détracation* expriment trop l'action délétère de Jacquard, sur les œuvres d'autrui, pour ne pas être employées.

gnonnage, il se pourrait que ledit Jacquard, quoique ayant quitté la maison paternelle, pour se livrer à diverses professions étrangères à la fabrique, quoique ne pouvant être considéré comme véritable ouvrier en soie, ait bien pu prendre le titre de maître par droit d'hérédité.

En effet, on trouve Jacquard successivement fondeur en caractères d'imprimerie, brocheur et relieur de livres, carrier dans des exploitations de plâtre du Bugey, et, plus tard, soldat dans la milice lyonnaise, ainsi que soldat dans l'armée révolutionnaire, où, suivant ses panégyristes, il devint sergent, après cinq ans de service ; on le retrouve encore conducteur de patache entre Perrache et la Guillotière, nouvelle entreprise malheureuse, enfin, pour couronner l'œuvre, marchand de chapeaux de paille, sur la place actuelle de la Mairie, à la Guillotière, commerce qui fructifia admirablement grâce à l'intelligence et à l'activité de sa femme, Claudine Boichon.

Il ressort donc de toute évidence que cette qualification de *maître fabricant* avait, dans le fond, la même valeur qu'eurent en dernier lieu, les deux prétendues inventions que Jacquard fit consacrer par des brevets en 1801 et 1805.

Ces prétendues inventions sont : 1° une machine inventée par Verzier en 1728, copiée et détraquée en 1790, par Jacquard, qui n'a pu parvenir à la faire fonctionner, mais qui n'en a pas moins pris un brevet en 1801 ; 2° un métier à faire du filet, probablement puisé à quelque source, mais inconnue, sans aucun résultat pratique, ni à Paris, ni à Lyon, et qui a eu l'honneur d'un brevet en 1805 ; 3° le mécanisme de Vaucanson, pour lequel il aurait certainement pris un brevet, s'il n'en eut été empêché par les motifs signalés dans le rapport de la Société d'encouragement, mais pour lequel il a obtenu de l'Etat, malgré l'évidence de copie et de *détracation*, un privilége d'exploitation, pendant six ans, de 1805 à 1811, sans produire rien de passable ; 4° un appareil pour battant-lanceur, imitation et *détracation*, vers 1820, de la lanterne tournante ou *cage à écureuil* de Robert Kay ; une boîte de cette copie est déposée au Musée de la Martinière, à Lyon, elle n'a pu, comme tout le reste, avoir aucun emploi utile.

Les preuves de ce que j'avance ont été largement fournies par les rapports de M. Mollard et du général Piobert, par la protestation, au Conseil municipal, des ouvriers et fabricants éclairés de la fabrique lyonnaise, justement indignée, par mes notices répétées, tant à la *Société littéraire* qu'à celle *d'agriculture, sciences et arts utiles de Lyon*, ainsi que dans la *Gazette littéraire* de cette ville, où mes articles n'ont soulevé aucune contradiction sérieuse. Dans mon dernier travail, intitulé *Essai sur l'histoire de la fabrique lyonnaise* où j'ai rassemblé tous les matériaux preuves de la *détracation* des œuvres d'autrui par Jacquard, j'ai été aidé et renseigné par M. Marin aîné, ouvrier et fabricant en soie, professeur de théorie pratique, constructeur des modèles de machines des Conservatoires des arts et métiers de Paris, de Lyon, de Saint-Etienne, etc., qui a approuvé, ce que j'ai dit sur ledit trop célèbre désorganisateur ou *détraqueur*.

Dans l'ouvrage si remarquable de M. Alcan, professeur au Conservatoire des arts et métiers de Paris, et intitulé *Essai de l'industrie des matières textiles*, l'auteur donne à la page 544 et à la planche xxviii, une description détaillée de l'appareil (prétendu) de Jacquard, dont la figure 1 représente le métier tout monté, la figure 2 une vue de face, la figure 3 le métier en perspective, les figures 4, 5, 6, 7 et 8 les fractions diverses. Nous devons remercier ce savant praticien-théoricien des détails minutieux qu'il a fournis à l'histoire du tissage, ainsi que les non moins zélés historiens de la science textile; Bezon et Falcot, mais nous regrettons que ni les uns ni les autres n'aient fait observer la similitude de ce métier avec celui de Vaucanson (modèle n° 16, U... K... 18, n° 6,235 de la salle des filatures **au** Conservatoire), confectionné en 1744, copié et détraqué par Bonhomme, Futinet et Jacquard, en 1804, (U... K... 51, n° 6,238), adapté à la fabrique lyonnaise (U... K... 113, n° 7,642), en 1805, par Breton et décrit dans le *Bulletin de la Société d'encouragement*, t. V, page 205 ; tandis que les deux modèles déposés, sous le nom de Jacquard, ne sont que des imitations ou *détracation* du mécanisme primitif de Vaucanson. Le génie de la mécanique peut-il se révéler par un seul acte de la vie ! M. Alcan, aussi bien que tous les professeurs distingués du Conservatoire des arts et métiers de Paris sont, je crois, parfaitement au courant de ces faits signalés antérieurement, soit par M. Mollard, dans son rapport, soit par le général Piobert dans ses *Origines sur le métier Jacquard*. Plus loin, nous fournirons les métiers originaux à l'appui. Suivons maintenant la série des inventions de Vaucanson.

# IV

*Appareil propre au tirage (filature) de la soie et aménagements nécessaires pour cette opération.*

Le cocon d'un ver à soie n'est, à proprement parler, qu'un peloton de fil, filé par cet insecte, et *tirer la soie* c'est dévider ce peloton. Comme cette soie est légèrement gommée par l'animal, on met les cocons dans une bassine d'eau chaude et, après les avoir suffisamment agités, pour en détacher ce qui peut rester de bourre, on ramasse avec quelques brins de bruyère les bouts de fils qui flottent, pour en réunir plusieurs ensemble et en former des brins plus ou moins forts, suivant les différents usages auxquels on les destine. Cette opération, ainsi décrite par Vaucanson, s'appelle le *tirage de la soie*.

Anciennement, on ne faisait que croiser les fils sur deux rouleaux cylindriques mobiles, puis ces fils passaient dans les yeux de deux pièces disposées en fourchette, qui les dirigeaient et les obligeaient d'étaler l'écheveau sur le dévidoir. Ces deux petits cylindres ressemblaient à des bobines, ce qui fit que l'on nomma cette manière : *tirer à la bobine*. Vaucanson dit que c'est la pratique de la Chine, du Levant et de la plupart des pays sérifères. Je suis porté à croire que, pour ce qui concerne cette première contrée, il a été induit en erreur ; car, dans ma *Description méthodique*, n° 471, page 139, n° 24, page 360 et n°ˢ 46 et 47, page 362, le tirage en Chine est figuré par la méthode dite *à la tavelle*, représentée par une sorte de double lanterne tournante, espèce de *cage d'écureuil*, faite en bambou, où je crois que Vaucanson avait puisé la première idée de son tour à filer.

*Fig. 6. — Tour à filer chinois.*

Ce dessin de l'artiste cantonnais Sun-Kwa représente le tirage de la chair de soie *sz-jo*, ainsi qu'on appelle la première qualité de cette riche matière. L'opération a lieu, au moyen d'un instrument qui permet double croisure. Le fil, à brins multiples, s'enroule sur l'asple que la tireuse met en mouvement de la main gauche, tandis qu'elle bat ses cocons avec une paire de bâtonnets qu'elle tient à la main droite.

Dans un premier mémoire présenté à l'Académie royale des sciences en 1748, Vaucanson paraît avoir indiqué les inconvénients de la méthode jusqu'alors usitée. Il signale par des résultats matériels les avantages du système qu'il a mis en vigueur dans la fabrique d'Aubenas et donne la description du nouveau tour ou appareil de son invention.

Les Piémontais, dit Vaucanson, avaient imaginé de tirer deux fils à la fois et, au lieu de les enlacer chacun au sortir des filières sur des cylindres, ils les croisaient l'un sur l'autre un certain nombre de fois. Après cette opération, chaque fil séparé passait par une *lunette*, depuis adoptée par Vaucanson, et qui a été remplacée successivement par divers systèmes : c'était le *tirage à la croisade*.

Le tour à filer que Vaucanson avait fait installer à Aubenas remédiait aux inconvénients qu'il avait remarqués dans les anciens appareils, même du Piémont, pays où l'on avait le plus contribué à l'établissement de la croisure. Pour fournir à la tireuse un moyen sûr et facile de faire exactement le nombre de croisures qui lui étaient prescrites, Vaucanson imagina de placer, entre les filières qui sont immédiatement au-dessus de la bassine et entre celles des guides qui conduisent les fils sur les dévidoirs, un cercle de cuivre qui portait dans son intérieur un œil de verre en forme de crochet. A l'intérieur de ce cercle, était une gorge enveloppée d'une corde sans fin qui se pliait sur une poulie de bois montée sur un arbre en fer, au bout duquel était une petite manivelle à portée de la main de la tireuse.

Après avoir passé chaque fil dans la première filière, la tourneuse les prenait tous, pour les faire passer chacun dans l'œil du verre ou *lunette* du cercle et dans celui du guide du va-et-vient ; la tireuse mettait alors la main sur la manivelle qu'elle tournait, autant de fois que la manivelle avait fait de tours. Il existe au Conservatoire des arts et métiers de Paris un *tour à la lunette*, pour filer deux brins de soie en même temps ; c'est le modèle de grandeur naturelle, inventé et exécuté par Vaucanson lui-même. Une copie au quart, faite par M. Marin aîné, est déposée au musée Eynard, école la Martinière, à Lyon.

La grande *Encyclopédie méthodique*, à l'article *Soieries*, donne la complète explication du tour de Vaucanson et dans l'Atlas, à la planche 3, figures 1 et 2, un dessin très-clair de cet appareil. Nous avons préféré, à cause de sa dimension, donner celui inséré dans le traité de mécanique appliqué aux arts, par M. J.-A. Borgnis, planche 16, figures 5 et 7, la première, élévation ou vue de côté, la seconde, vue de face.

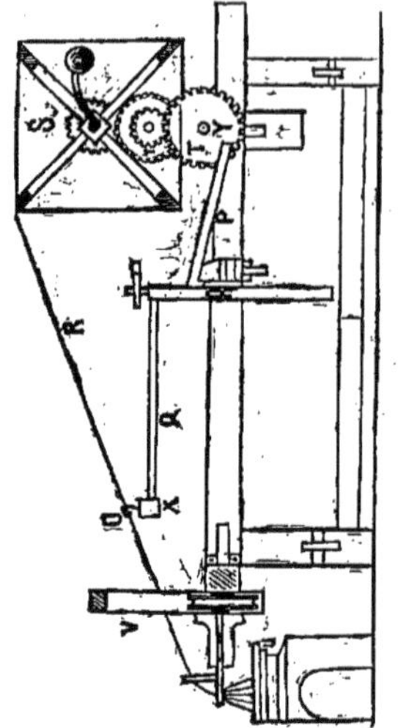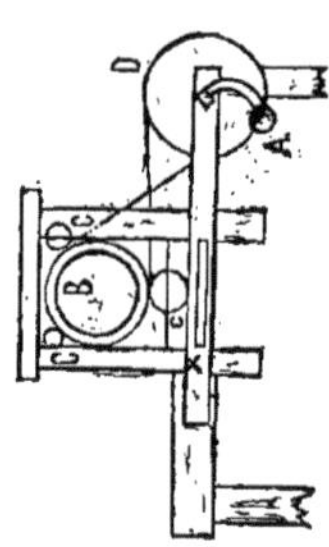

*Fig. 7. — Tour de Vaucanson n° 1.*     *Fig. 8. — Lunette du tour.*

Voici les parties diverses de cet appareil, dont la figure 7 représente l'élévation et la figure 8 une vue de face :

### FIGURE 7

o Petit crochet en fer ou guide du va-et-vient.

p Bielle qui transmet le mouvement au levier angulaire q, qui sert de support.

q Levier angulaire du va-et-vient.

r Fil s'enroulant sur l'asple.

s Asple mu par une manivelle.

t Trois roues dentées et un pignon, donnant le mouvement à l'asple.

u Bassine placée sur le fourneau.

v Filières en fil de fer, qui conduisent les brins des cocons de la bassine à la lunette.

### FIGURE 8

a Manivelle, qui met en mouvement la poulie d.

b Lunette en bois, mise en mouvement par les roulettes c.

c Trois roulettes agissant sur la lunette b.

d Poulie, qui communique le mouvement aux roulettes c.

Dans un second rapport publié en 1756, Vaucanson rend compte du succès de sa nouvelle méthode, mais il résulte des *Mémoires de l'Académie royale* pour 1770, que ledit tour à filer fut installé, dès 1751. Dans un troisième Mémoire, publié en 1772, Vaucanson signale les défauts d'installation alors en usage et l'état déplorable des locaux employés au tirage de la soie ; il décrit ainsi les constructions qu'il a conçues, pour l'établissement de ses nouveaux tours.

Ces constructions sont légères, mais solides. Elles consistent en un hangard ou longue galerie close, isolée de tout autre bâtiment. Là, sont installés cent dévidoirs, ayant chacun sa tireuse. Les fourneaux y sont placés à côté de chaque trumeau, de manière que deux tireuses peuvent y travailler à l'aise et filer chacune sur un dévidoir séparé, quoique les deux dévidoirs soient placés sur le même bâti. Actuellement, en remplacement du foyer établi antérieurement à Vaucanson, on a appliqué le *générateur à la vapeur*, système Gensoul. A côté du hangard, établi par Vaucanson, est un séchoir où se déposent les guindres chargés de leurs écheveaux. Cette méthode est encore pratiquée. Ces guindres sont placés sur des chevalets, afin de donner à la soie le temps de sécher pendant que les autres guindres se couvrent ; précaution nécessaire, parce que la soie se crispe, si on la dévide avant qu'elle soit sèche ; et, d'autre part, si on l'abandonne sur les guindres dans le hangard, tant qu'elle conserve de l'humidité, elle est exposée à s'altérer.

Ces questions d'économie, de salubrité, de perfectionnement, si bien traitées par Vaucanson, avaient été antérieurement étudiées, mais pas avec autant de succès, par une des grandes illustrations de Lyon, par un dessinateur-fabricant-mécanicien, aussi estimable par ses talents industriels que par ses vertus privées, M. Philippe de Lassalle, inventeur du grand régulateur pour meubles. Le musée de l'industrie, au Palais-du-Commerce de Lyon, possède de magnifiques spécimens de sa fabrication, à côté de ceux de son prédécesseur Revel, justement admirés, non-seulement pour la richesse du dessin, mais pour la beauté de l'exécution.

Le travail explicatif de Vaucanson figure dans les *Mémoires de l'Académie royale* en 1773 ; il est accompagné de trois

planches gravées très-simples mais très-claires, qui doivent
servir de modèles à ceux qui veulent faire représenter et
connaître leurs travaux. Il est terminé par des considérations
que nous ne pouvons omettre, puisqu'elles prophétisent en
quelque sorte l'avenir.

Vaucanson donne un avertissement qui, malheureusement
pour l'histoire et le progrès de la fabrique lyonnaise, n'a pas
été écouté. Il prémunit le public et l'Administration contre
les fraudes des exploiteurs et des entrepreneurs qui, sous le
prétexte de faire progresser l'industrie, se présentent munis
de certificats obtenus le plus souvent à l'aide de manœuvres
frauduleuses (il faut ajouter), ont même quelquefois l'audace
de se parer de brevets reposant sur des objets de nulle valeur,
et finissent, à force d'une persévérance coupable, à obtenir
de la renommée, des faveurs, pour, en fin de compte, n'aboutir qu'à des tentatives infructueuses, ne faire qu'entraver le
développement de l'industrie. Un homme faible peut bien se
laisser gagner par les sollicitations d'une femme avenante, par
les importunités de personnes intéressées ; il pourra, pour les
obliger, donner des signatures, faire même des démarches en
faveur d'un individu, fut-il de la plus complète nullité ; sa
bourse n'a pas la même confiance, il n'achète le produit que
ce qu'il vaut réellement. C'est là le vrai *criterium*, c'est par
là qu'on peut se rendre compte du véritable signe de perfection des appareils, de la valeur des objets et du mérite des
exposants. N'est-ce pas la prophétie de ce qui devait avoir
lieu, un demi-siècle après Vaucanson ?

## V

*Moulin à organsiner la soie*

Le travail de l'organsin, dit Vaucanson, consiste en quatre
opérations principales :

1° Dévidage sur des bobines, de la soie des écheveaux faits pendant le tirage. C'est ce qu'on appelle *opération du dévidage*;

2° Tordage de chaque fil de soie dévidée, en le faisant monter sur une seconde bobine. C'est ce qu'on appelle, par analogie, *premier apprêt*, ou plus clairement et littérairement *premier tors* (1) ;

3° Réunion de deux ou trois fils et plus, tordus ensemble, que l'on dévide sur une troisième bobine. C'est ce qu'on appelle *opération du doublage*;

4° Retordage ensemble des fils réunis à deux ou plusieurs bouts, en les faisant monter sur un guindre, pour en former un nouvel écheveau. C'est ce qu'on appelle *deuxième apprêt* ou *deuxième tors*.

A la suite de cette dernière opération, la soie prend le nom d'*organsin*, du grec *organon*, instrument, c'est-à-dire fil organisé. On donne le nom de *moulin à soie* aux différentes machines propres à faire le travail de chacune de ces quatre opérations.

On conçoit aisément que l'ouvrage s'opérant par le jeu de ces différents moulins, c'est de l'uniformité de leurs mouvements et de la sûreté de leur effet, que dépend la régularité des différents apprêts que la soie y reçoit. Aussi, Vaucanson indique-t-il le choix à faire d'un emplacement propre à établir les moulins d'organsinage. Il recommande la roue à augets, mue par la chute de l'eau, parce que le mouvement est plus uniforme que celui des roues mues par un courant d'eau. L'uniformité est indispensable, si l'on veut que l'organsin ait partout le même degré de tors. Il faut éviter toute secousse qui, en cassant les fils, occasionnerait des déchets et détériorerait l'organsin, en y multipliant les nœuds. On attribue à Vaucanson l'origine des *tours comptés*; c'est à tort : cette heureuse conception moderne paraît être l'œuvre d'un nommé

(1) Dans ses recherches historiques sur la ville de Saint-Chamond, M. Ennemond Richard attribue à un Suisse, appelé *Palerne* l'introduction, en 1704, dans cette ville, du tordage ou premier apprêt, indiqué par Vaucanson, mais il parait qu'il existait bien antérieurement à Lyon.

*Guilliny*, de Nyons, à moins que ce soit un emprunt fait par des mains successives aux dessins et documents inédits du grand mécanicien grenoblois.

Vaucanson exigeait qu'il y eut beaucoup de jour dans les locaux où sont placés les moulins, afin que le travail s'y fit mieux et qu'il fatiguât moins la vue des ouvriers. Il voulait qu'il régnât continuellement dans le bâtiment, où ces moulins sont placés, un air tempéré et humide, parce qu'un air sec et chaud peut faire casser les fils. Il indiquait ensuite les divers aménagements, dans le genre de ceux qu'il avait adoptés pour les filatures, et qui assurent les meilleures conditions d'ordre, d'économie et de régularité. Il est à regretter que l'on ait abandonné, de nos jours, un système si avantageux et qui évitait les défilés (1) si défectueux et si préjudiciables.

Ce système économique était particulièrement représenté par un ovale, avec chaîne sans fin, dite à *la Vaucanson*, qui avait pour effet d'obtenir une grande régularité d'apprêt, mais au détriment de la célérité du travail. Aujourd'hui, on a conservé l'ovale, mais on a remplacé la chaîne par une simple courroie qui fait tourner les fuseaux et donne le degré de tordage voulu. Ce système est employé, tant pour les organsins que pour les trames, et même pour les poils, avec plus ou moins d'apprêt. Vaucanson avait-il emprunté cette idée aux Chinois ? C'est probable, car un procédé à peu près semblable existe en Chine ; on peut s'en convaincre par la description des moulins appelés *Tché-tsin*, insérée dans ma *Description méthodique*, pages 143 à 148, ainsi que par la figure d'un appareil n° 88 de la page 363 du même ouvrage, dont les différentes parties démontrent que les Chinois tiennent moins à la promptitude du travail qu'à la perfection et à la qualité du produit.

---

(1) *Défilés*, dont l'étymologie est le privatif *de* et le participe extractif *filer*. C'est la partie irrégulière de la matière ouvrée qui occasionne des déchets et du temps perdu, si on cherche à les corriger, ou qui cause des rayures longitudinales à l'étoffe fabriquée, quand les défilés ont lieu sur organsins, ainsi que des rayures horizontales, quand ces défilés ont lieu sur des trames.

*Fig. 9. — Moulin à organsiner Chinois.*

Ce dessin, du peintre cantonnais Sun-Kwa, paraît affecté au montage des trames, c'est-à-dire aux soies montées à deux ou plusieurs bouts. Un ouvrier fait tourner le moulin, dont les différents rouages sont mis en mouvement, au moyen d'une corde sans fin. Un enfant met de l'eau ou de l'huile dans la longue bassine, où chaque fil, à sa sortie d'un demi-cercle, est trempé et retenu par une baguette mobile, avant de passer dans un anneau où il se réunit à double, pour monter sur le guindre. Toutes les pièces de l'appareil, à part le bâti, sont en bambou.

Toutefois, s'il est prouvé que Vaucanson ait emprunté l'idée-mère aux Chinois, il ne s'en suit pas moins qu'au lieu de la détériorer ou de la désorganiser, il l'a au contraire améliorée et perfectionnée. Son rapport, inséré dans les *Mémoires* de l'Académie royale des sciences, pour 1776, pages 46 et 156, donne tous les détails techniques désirables sur l'organsinage ; cinq grandes planches et des explications claires et précises complètent son travail.

# VI

*Métier à fabriquer les étoffes dans toutes les largeurs
avec la navette volante*

D'après les historiographes de l'industrie textile, c'est à Jean le *Calabrais*, que l'on doit l'introduction à Tours, de 1461 à 1483, du premier métier à tisser les étoffes de soie façonnées. Dans une *Revue industrielle* de l'arrondissement de Saint-Etienne, M. Philippe Hedde mentionne un métier (à tisser ?) qui existait de son temps à Isieu et qui portait la date de 1515. Dans sa *Note sur les origines de la soie*, M. Vital de Valous attribue à Etienne Turquet la création de la fabrique des étoffes somptueuses à Lyon, en 1524. Ce fut vers 1606 que Dangon, chef d'atelier de cette ville, y modifia le premie rapparcil apporté par Jean le Calabrais. La modification consista à ramener le lisage (1) du dessin au semple, système de cordes descendant verticalement, dans un même plan, jusqu'au sol où elles sont fixées. Voir le modèle, dit à *grande tire* U... K... 45, nº 6.196, exposé au Conservatoire des arts et métiers de Paris.

Ce *semple*, du latin *simplex*, s'entend simple, droit, qui n'est ni sinueux,ni tortueux, par opposition à *implicatus*, *implicitus*, confus, embrouillé. C'est, avec le *rame* et le *lac*, une des trois parties qui composent le système de la *grande tire*. Le *semple* est formé de cordes droites, en même nombre que celle du rame ; ces cordes sont passées dans un anneau de verre et

(1) *Lisage*, du latin *legere*, lire, action qui consiste à porter, sur l'ingénieux appareil de ce nom, réunion de l'ancien semple et du mécanisme Vaucanson, le dessin ou l'armure figurés sur le papier de mise en carte. Cette lecture a lieu, soit sur semple, soit sur mécanique, dite *Lyonnaise*, soit sur simple métier de petit façonné et de tissu uni, avec ou sans cartons, suivant la circonstance.

descendent jusque sur le plancher de l'atelier, où elles sont attachées au *bâton de semple*. Le *rame*, du latin *ramus*, rameau, est un faisceau de cordes horizontales, placées au plafond de l'atelier ; l'extrémité droite correspond, sur le cassin, du latin *casa*, case, maisonnette, aux cordes d'arcades verticales, et l'extrémité gauche, la plus éloignée possible du métier, correspond au *bâton de rame*. Le *lac*, du latin *laquei*, lacets, est un autre faisceau de cordes horizontales, enlacées sur les cordes du semple, d'après la lecture du dessin à exécuter. Chaque lac est attaché avec une corde ou ficelle qui ferme le faisceau ou la masse ; il correspond aussi à une autre grosse corde, appelée *gavassinière*, destinée à séparer les lacs. Ces lacs sont placés horizontalement et sont tirés par un ou plusieurs ouvriers, placés en Europe en bas et aux côtés droit et gauche du métier, tandis qu'en Chine les tireurs de lacs sont perchés à côté du cassin, à la partie supérieure du métier.

Cet antique auxiliaire des métiers à fabriquer les étoffes façonnées a été probablement importé par les Phéniciens et les Arabes dans l'Asie-Mineure, en Barbarie, en Espagne, en Italie, etc. ; on sait que tout ce qui concerne le tissage en général et l'industrie de la soie en particulier nous vient surtout de la Chine. La France a été une des dernières nations à profiter des avantages offerts par cette contrée.

Voici, d'après ma *Description méthodique*, page 204, n° 609, le détail des pièces qui composent un métier de ce genre, appelé en Chine *Tchi-hoa-tcheou-ki*, c'est-à-dire métier à fabriquer l'étoffe façonnée.

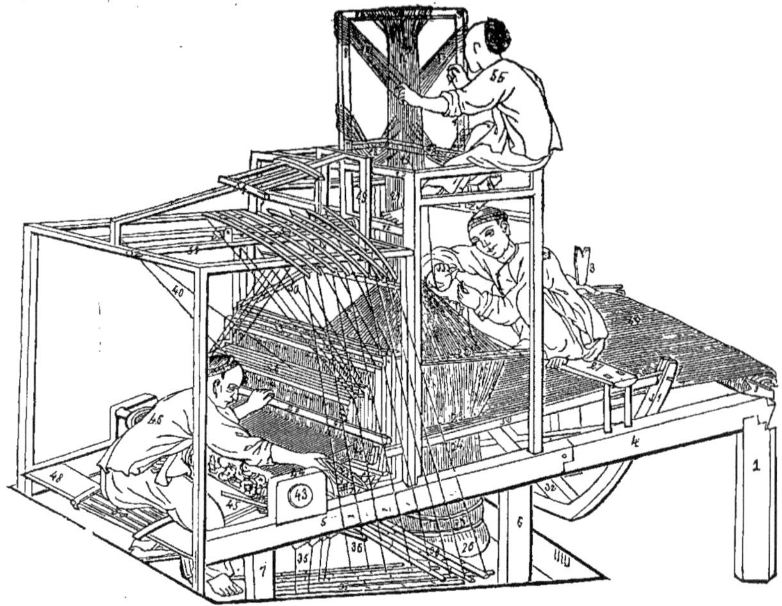

*Fig.* 10. — *Métier à la tire Chinois.*

1° Pilier de derrière ;
2° Ensuple de derrière ;
3° Couronnes de l'ensuple de derrière ;
4° Estase, partie postérieure ;
5° Estase, partie antérieure ;
6° Pilier du centre ;
7° Pilier de devant;
8° Montant gauche du centre des supports du cassin ;
9° Montant droit du centre des supports du cassin ;
10° Montant droit du centre des supports du cassin ;
11° Montant gauche du centre des supports du cassin ;
12° Traverse inférieure d'écartement aux supports du cassin ;

13º Traverses supérieures ;

14º Peigne ;

15º Bàti du cassin ;

16º Gavassinière de droite et de gauche ;

17º Lacs à passer ;

18º Lacs passés ;

19º Cordes de rames ;

20º Collets ;

21º Arcades ;

22º Planche d'arcades ou grille en bambou ;

23º Maillons de corps ;

24º Mailles de corps où sont passés les fils de la chaîne ;

25º Fuseaux pour rabattre les mailles de corps ;

26º Réservoir d'eau pour donner de l'humidité aux fuseaux ;

27º Banc pour faciliter l'entretien du métier ;

28º Ouvrier employé à l'entretien du métier ;

29º Battant ;

30º Conducteur du pousse-battant ;

31º Pousse-battant ;

32º Traverse d'écartement entre les deux conducteurs du pousse-battant ;

33º Quatre lisses (1) de derrière pour sergé ;

34º Quatre lisses de devant pour sergé ;

35º Quatre extrivières pour le tirage des lisses de rabat ;

36º Huit cordes de marches et contre-marches ;

37º Cinq marches ;

38º Trois contre-marches ;

39º Huit bricotteaux ;

40º Cordes pour supporter le battant ;

41º Anneaux de fer servant à régler la hauteur du battant ;

42º Chaîne ou fils de la pièce ;

43º Rouleau de devant ;

44º Oreillons ;

---

(1) *Lisses* du latin *Licia*, ainsi que le démontre ce passage d'Ausone : *Licia qui texunt.* On appelle ainsi l'assemblage de mailles en fil ou en soie, tendues sur deux lamettes ou lisserons, l'un supérieur, l'autre inférieur, qui déterminent, au moyen des marches, la levée (*lève*) ou la baisse des fils de chaîne qui y sont introduits.

3

45° Cheville pour tourner devant ;

46° Ouvrier tisseur ;

47° Navette ;

48° Banquette fixe ;

49° Pilier de bâti pour supporter les batteries ;

50° Guide des lisses ;

51° Support du guide ;

52° Bâti correspondant au support précédent ;

53° Tenon où passe la broche des bricotteaux ;

54° Traverses du support des batteries ;

55° Ouvrier tireur de lacs ;

56° Banquette en bambou arrondie et mobile.

Ce métier a été dessiné par l'artiste cantonnais Ting-Kwa ; il fait partie de la collection n° 88, page 369 du même ouvrage. Un autre dessin de Sun-Kwa, pour le tissage des rubans figure au n° 105 de la page 364. Il est même plus curieux, tant par la disposition des marches et le jeu des lisses, que par l'empoutage (1) fait en deux corps.

Ce système, imité probablement des Chinois, fut simplifié en 1717, par Garon, tisseur lyonnais, qui tenta de supprimer le tireur de lacs ; mais il ne put réussir, l'amélioration augmentant la difficulté de l'exécution. Nous voyons encore aujourd'hui l'ancien système quelquefois employé, pour suppléer au mécanisme Vaucanson (improprement *Jacquarde*), lorsque le nombre de découpures du dessin est trop considérable. On en a l'exemple sur un métier, armé de 3,200 crochets dont le poids serait trop lourd pour être enlevé par une seule marche et qui réclamerait le concours de cinq tireurs de lacs.

En 1678, nous nous trouvons en présence du modèle ou petit format de métier automateur *self acting* de de Gennes dont il a été déjà question, sur lequel, plus tard, Vaucanson introduisit le mécanisme propre au tissage du façonné, depuis

_______________

(1) *Empoutage* du verbe *empouter*, corruption du verbe *empoter*, mettre en pot, dont le radical est le mot grec *Pothé* qui signifie pot, vase, allusion à l'opération préparatoire du tissage, qui consiste à introduire, comme dans un pot, les cordes d'arcades, à travers les trous pratiqués sur la planche d'arcade.

vulgarisé par Breton et ses successeurs. Le semple fut ensuite modifié dans le cours du xviie siècle par Galantier et Blache, d'Avignon, ainsi que par Philippe de Lassalle, célèbre Lyonnais, au moyen d'essais d'organisme plus ou moins heureux. Ce dernier crut que le progrès consistait à augmenter indéfiniment le nombre des cordes de rame et celui des lacs représentant les coups de hauteur du dessin. Dans ce but, il fit monter des métiers *grande tire* qui comptaient 3,200 cordes de rame et 80 semples. A peine montés, ces immenses appareils furent abandonnés ; mais, chose assez curieuse, on les imite encore quelquefois aujourd'hui quand on a à suppléer à l'insuffisance du métier Vaucanson (dit la *Lyonnaise*, improprement *Jacquarde*), lorsque le nombre de découpures au dessin est trop considérable. Tant il est vrai de dire que des essais consciencieux, provenant d'hommes pratiques , laissent toujours après eux quelque parcelle d'utilité, malgré qu'ils aient en apparence été infructueux. Quant à cette prétendue insuffisance du procédé Vaucanson, elle n'est également qu'apparente. M. Maisiat , professeur distingué de théorie pratique à Lyon, dans son inimitable tableau du testament de Louis XVI, a résolu le problème. Ce procédé, par certaines ingénieuses combinaisons , telles que la séparation de la façure ou tissu fabriqué devant le peigne en trois parties distinctes, tissées l'une après l'autre, peut suffire à toutes les exigences les plus extrêmes de la fabrication.

C'est au xviiie siècle que fourmillent toutes les inventions pour simplifier le tissage du façonné ; notamment celles de Regnier (1); en 1755, de Durbois, en 1876, de Perrin, en 1778, de Paulet, en 1779, de Claude Rivet, en 1780 et autres mécaniciens et tisseurs de pays divers, ignorant probablement l'invention récente de Vaucanson. Toutefois, il faut rappeler que ce fut en 1725 que parut l'emploi des cartons, inventé par Basile Bouchon, artiste lyonnais , et en 1728,

---

(1) Voir l'art du *fabricant d'étoffes de soie*, par Paulet, de Nimes, en tout ce qui concerne l'invention du sieur Regnier, en particulier et en tout ce qui a rapport aux métiers à cylindres.

celui de la lanterne ou rectangle, adapté au métier à la tire par Falcon, autre tisseur lyonnais, et dont en 1744 Vaucanson fit l'heureuse application, tant à l'égard des cartons qu'à celui de la lanterne, indifféremment ronde ou carrée, dernier point qui sera prouvé par la présence d'une planche plate de 400 aiguilles. En présence des entraves créées par les sectes et les parti-pris, et en raison de l'esprit prévenu et hostile des adversaires de Vaucanson, ne paraît-il pas difficile de faire triompher la vérité ? C'est le cas plus que jamais de s'écrier : Aide-toi, le ciel t'aidera !

*Fig.* 11. — *Chiffre de l'auteur.*

L'invention ou perfectionnement du tissage, avec la navette volante, ne peut s'entendre qu'à l'aide du battant, à fouet ou à bouton, s'il ne s'agit que d'une seule navette (hors le cas de la navette lancée à la main) ; mais, la méthode en question ne pourrait-elle pas se rapporter aux battants-brocheurs, si le travail exige l'emploi de plusieurs navettes, ou de trames de couleurs différentes ? Or, comme l'invention de la navette volante est attribuée à l'anglais Kay, mort en 1690, contemporain de de Gennes, et bien antérieur à Vaucanson ; comme aussi, l'application de la lanterne tournante ou *cage d'écu-*

*reuil* (1) porte-navette de différentes couleurs, serait due à Robert Kay, fils du précédent, postérieurement à 1765, quelques temps après l'apogée des travaux de Vaucanson, il nous est impossible, en l'absence de documents positifs, tels que rapports, dessins, modèles de machines, de trancher la question d'une manière absolue. Cette incertitude doit faire désirer la publication complète des œuvres de ce prince des mécaniciens. Quant à l'explication des systèmes de battants, à bouton et à fouet, il faut consulter le *Dictionnaire général des tissus*, atlas, planches 2 et 3, du zélé historiographe, mort victime de la science, bon, pauvre et honnête Bezon, auquel les fanatiques et les insensés qui dressèrent des couronnes au faux bonhomme, appelé *Jacquard*, n'ont jamais tendu une main secourable.

# VII

*Moyen mécanique pour la réduction des marches et les changements de navette, à employer pour la fabrication des étoffes de différentes couleurs.*

Cet appareil doit être étudié, sous deux points de vue, l'un, comme diminution du nombre de marches, ce qui conduit au système automoteur *self-acting*, comme disent les Anglais, système introduit par de Gennes, à l'égard du tissage en général. Il a été déjà mentionné et sera plus loin développé encore : c'est le système à une marche, pédale ou manivelle, système essentiellement mécanique par deux moyens, dont l'un, pour l'emploi de l'étoffe unie, d'une petite lanterne, dite *raquette* à Lyon et qui mérite une mention particulière.

(1) Cet appareil a été remplacé par la *boîte porte-navette*, à coulisse verticale, placée également à l'une des extrémités du battant, contre un montant du bâti. Elle est conduite automatiquement, à l'aide de mécanismes, dérivant de l'idée des cartons à trous et des chevilles de repères, invention de Basile Bouchon, si heureusement appliquée par Vaucanson à la lanterne ou rectangle de Falcon.

La raquette, en espagnol *raquetta*, du bas latin *retiquetta*, diminutif de *retis*, *reticus*, *reticulum*, rets, réseau, est ainsi appelée, moins à cause de l'aspect que présente sa surface, percée de trous, qui peut avoir quelques rapports avec l'instrument de ce nom, employé jadis au jeu de paume, qu'à cause de la similitude du son qu'il produit et qui rappelle celui de la crécelle, vulgairement *raquette*, en anglais *rattle*, ratiére; tandis que la grande lanterne, grand rectangle ou grand cylindre, produit un son plus retentissant, popularisé par ces mots du régime canut : *coua d'aran*, sur l'air des lampions. La raquette ou petite lanterne, à 24 crochets et même moins seulement, diminutif du rectangle ou grande lanterne de la *Lyonnaise*, a été introduite à Lyon, vers 1818, de Tarare ou de Charlieu, où elle est connue sous le nom de *ratière*. Elle a été probablement appliquée, pour faciliter le travail de l'uni et des articles, à armures simples, dans des locaux bas et étroits, attendu qu'on peut la placer, tant en-dessus qu'en dessous et sur les côtés du métier. On doit remarquer que ce petit appareil, récipient ou collecteur, à cause de sa fonction à recevoir les bouts des aiguilles, doit dater des premiers temps de la vulgarisation du procédé Vaucanson par le mécanicien Breton, dès 1812, après l'expiration du privilége illégitime, accordé à Jacquard, à la suite de méprise et d'engouement, inexplicables de la part de ceux qui devaient veiller aux intérêts publics.

Cette simple et utile raquette est souvent modifiée, suivant le plus ou moins grand nombre de crochets, suivant le besoin et le genre de tissu. Elle est, suivant la circonstance, tantôt rectangulaire, tantôt cylindrique, munie ou privée de cartons, elle rappelle exactement l'idée mère du procédé Vaucanson, remplaçant alternativement la lanterne rectangulaire de Falcon par le récipient ou collecteur cylindrique des anciens, les cartons par la fermeture des trous, sur les récipients ou collecteurs et *vice versa*.

Il est évident que ce que j'appelle *récipient* ou *collecteur* et auxquels on donne les noms de *lanterne*, *rectangle*, *cylindre*, *raquette*, *ratière*, etc., est la représentation multiple du système Vaucanson, dont les points de mire, on doit se le rappeler, sont partout et toujours essentiellement la simplicité et l'économie. Cet agent collecteur a été encore transformé ; on m'a cité un habile mécanicien qui, en 1864, a pris un brevet d'invention pour un perfectionnement radical à la *lève et à la baisse*, à la fois. N'y aurait-il pas, sur ce dernier point, quelque réminiscence du système chinois, dont il est question pour la fabrication des tissus unis dans ma *Description méthodique*, pages 204 et 205, n⁰ˢ 609 et 610, ainsi que page 363, n° 72 et page 369 n° 88 ? Nous renvoyons à l'examen de cette dernière planche, placée ci-devant dans ce Mémoire, chapitre VI.

Le second moyen est le système même, établi par Vaucanson, c'est-à-dire la *lyonnaise* ou machine lyonnaise, vulgairement et improprement appelée *Jacquarde* (1), machine adaptée par Breton aux besoins de la fabrique lyonnaise, pour le tissage du façonné et vulgarisée par lui et par ses successeurs à Lyon, et dans toutes les fabriques nationales et étrangères.

L'autre point de vue du procédé dont il s'agit indique le changement de navettes et de couleurs, par un moyen mécanique quelconque. Nous nous trouvons forcément transportés aux deux systèmes de navette volante et des battants brocheurs. Dans le premier, il faudrait, comme nous l'avons fait remarquer au chapitre VI précédent, remonter à l'Anglais

---

(1) Pour bien saisir l'impropriété du nom *Jacquarde* ou de *mécanique à la Jacquard*, et pour reconnaître la nécessité urgente de donner à cet appareil le nom de *lyonnaise* ou *mécanique lyonnaise*, restitution obligée du *mécanisme de Vaucanson*, il faut consulter la notice intitulée : *Essai sur l'histoire de la fabrique lyonnaise*, où les auteurs, parfaitement compétents, ont résolu la question d'une manière complète. Suivant eux, on ne peut appeler *mécanique à la Jacquard*, un appareil où ce dernier n'a rien apporté du sien, si ce n'est une copie défectueuse du mécanisme Vaucanson. Les auteurs, s'inspirant de la pieuse pensée de ce dernier, ont proposé d'appeler cette machine *la lyonnaise*, attendu qu'elle a été inventée et installée à Lyon par Vaucanson lui-même, pour rendre hommage à la plus célèbre et à la plus importante des fabriques de soieries de son époque, et surtout parce qu'elle représente le résultat de toutes les découvertes faites à Lyon, avec ou sans le secours des étrangers. La nécessité est urgente, puisque plus on retardera à proclamer la vérité, plus les souvenirs tendront à s'effacer, et plus difficile deviendra, pour l'avenir, la connaissance de l'histoire.

Kay, de la fin du xvii<sup>e</sup> sièle et, dans le second, nous rencontrerions sur notre passage son fils, Robert Kay, contemporain de Vaucanson. Nous le redisons, on ne peut résoudre la question, sans consulter le portefeuille de ce dernier.

## VIII

*Métier à fabriquer plusieurs étoffes à la fois*

Nous connaissons trois genres de métiers, présentant de nombreuses espèces propres à fabriquer plusieurs étoffes à la fois.

D'abord les métiers ordinaires sur lesquels on peut tisser deux pièces jumelles, en toutes sortes de genres, d'armures et de largeur , c'est le système perfectionné par M. Marin aîné, en 1831.

Ensuite les métiers fabriquant deux étoffes de velours superposées, en toutes largeurs, seulement unies ; système connu depuis longtemps ; il a été décrit dans le *Dictionnaire général des tissus*, par Bezon, atlas, planche 7 ; mais nous ignorons quel a été l'auteur primitif de cette disposition et quelle a été son époque.

Enfin, les métiers mécaniques à tulles, à dentelles et à bandes, ceux dits à *la barre* et fabriquant les uns, un grand nombre de pièces ou rubans sur la largeur du métier ; les autres des pièces superposées, comme dans les rubans velours, où une seule chaine forme le poil de deux largeurs, système très-ancien, ou même dans les rubans, double étoffe, méthode *Hedde*, inventée et appliquée à Saint-Etienne en 1828. Ce dernier système rappelle certain métier *égyptien*, dont le modèle confectionné en 1862, par M. Marin aîné, est déposé au conservatoire du Palais-du-Commerce de Lyon. Il est le fac-simile, dit le livret, d'un métier primitif ayant servi à tisser les vêtements d'Abraham, de Jacob et des anciens patriarches; on suppose qu'il a servi à fabriquer la célèbre tunique du Christ, d'une seule pièce et sans couture, qui fait partie du trésor d'Aix-la-Chapelle. C'est le cas plus que jamais de dire : rien de nouveau sous le soleil. Nous omettons le système singulier des Chinois, appelé *Tchi-eul-pi-ki*, et décrit dans ma *Description méthodique*, page 207, sous le n° 611, qui consiste en un métier double, propre à fabriquer deux étoffes à la fois et par deux ouvriers différents. C'est une combinaison, véritable jeu de fabrication, que l'on peut ranger dans la catégorie des bagatelles difficiles. M. Joanny Maisiat, un de nos plus habiles peintres de fleurs de l'Ecole lyonnaise, en a résolu le problème d'une manière très-satisfaisante.

Quelle a été la part de Vaucanson, à l'égard de ces métiers, aptes à fabriquer plusieurs étoffes simultanément ? Qu'a entendu le livret par le titre de cette catégorie ? Serait-il seulement question d'une réunion de métiers mis en mouvement par le même manége ? Mais alors le titre ne serait pas exact; il faut donc recourir aux sources, et c'est le portefeuille seul qui peut les donner.

A quoi se rapporte donc le métier du catalogue de Vaucanson? Nous présumons que, si cet ingénieux mécanicien a réellement inventé quelque appareil propre à la fabrication simultanée de plusieurs étoffes, son système devait être antérieur, ou au moins contemporain de l'époque où a été connu, en France, le tissage des étoffes et des rubans multiples, sur une même largeur. Nous avons vainement cherché dans les détails de la fabrication chinoise, quelque objet qui pût nous mettre sur la trace d'une pareille méthode.

Rappelons toute fois ce qu'en a dit M. Philippe Hedde, dans son écrit intitulé : *Parallèle entre Vaucanson, Paulet et Jacquard* en 1852, d'après le *Mercure de France* de novembre 1745. « M. Vaucanson si célèbre dans les mécaniques, vient de mettre au jour une vraie merveille de l'art, dans un objet de grande utilité; c'est une machine par laquelle un cheval, un bœuf, un âne font des étoffes bien plus belles et bien plus parfaites que le meilleur ouvrier en soie. L'auteur n'a encore travaillé que pour les étoffes unies, comme le taffetas, le sergé, le satin, etc.; des productions aussi merveilleuses, d'un génie aussi neuf et aussi étendu que celui de M. Vaucanson, donnent tout lieu d'espérer qu'il trouvera les moyens de rendre les nouveaux ouvriers de sa création, également habiles pour la fabrication des étoffes façonnées et de nos plus belles étoffes même brochées en or et en argent ; à quoi l'on dit qu'il travaille actuellement, etc. »

M. Alcan, professeur au Conservatoire des arts et métiers de Paris, dans son ouvrage sur les *Matières textiles*, page 536, après avoir cité dans son entier le passage du *Mercure de France*, ajoute : « Est-il un seul métier mécanique parmi ceux qui sont connus aujourd'hui qui pourrait mieux remplir toutes les conditions exigées pour produire une bonne étoffe que le métier Vaucanson » ? L'auteur de l'article (du *Mercure de France*) paraît avoir assisté au travail, puisqu'il dit : « *on voit sur le métier l'étoffe se fabriquer sans aucun secours humain.* On conçoit avec quel intérêt nous avons étudié ce célèbre métier qui existe au Conservatoire ; mais malheureusement le temps en a détruit la commande générale et une partie du mécanisme que l'arrêt dont il a été question devait faire mouvoir. Le modèle est disposé pour tisser des étoffes façonnées. Il est étonnant que l'article du *Mercure* ne fasse pas mention de cette disposition qui supprime la tire. Il paraît que le public connaissait déjà ce moyen ou que Vaucanson ne l'ait révélé que postérieurement. »

J'avoue ne pas comprendre le témoignage du savant professeur, au sujet de la détérioration du mécanisme Vaucanson et son étonnement sur le silence du journaliste, à l'égard de la suppression de la tire, il doit suffire de jeter les yeux sur le modèle de grandeur naturelle qui existe au Conservatoire des arts et métiers de Paris, salle des filatures n° U... K... 18, ainsi qu'au petit format réduit au dixième du précédent et sous le n° 6,235 U... K... 48. Un spécimen de même grandeur que ce dernier, exécuté par M. Marin aîné, existe au Conservatoire de Lyon.

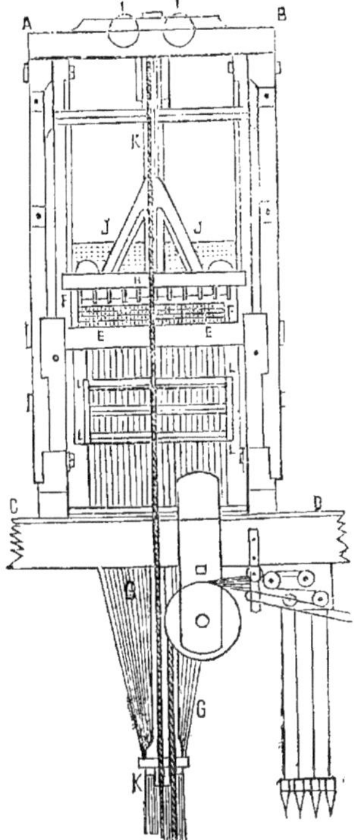

*Fig. — 12. — Mécanisme original de Vaucanson.*

M. Alcan, planche xxvii des *Matières textiles* donne la figure vue de profil, réduite de ce métier dont la partie supérieure remplace évidemment la tire.

Elle se compose :

1° D'un châssis supérieur porté sur le bâti inférieur du métier. Ce châssis, comme nous l'avons déjà fait observer, offre une planche plate à aiguilles, ou plutôt un tiroir mobile, dont la face devant le carton était destinée à jeter les crochets sur la griffe. A cette planche, percée de 400 trous, venaient aboutir un même nombre d'aiguilles horizontales, fixées contre cette boîte, et servant à enlever le même nombre de crochets courbés verticaux auxquels sont attachés les cordes d'arcades ;

2° D'une griffe mue par un balancier ou plutôt par deux cames se balançai t et enlevant les crochets recourbés des aiguilles verticales ;

3° D'un charriot porte-cylindre ou porte rectangle, mu par une chaîne, attachée à la marche ou pédale du métier. Ce charriot, fixé à l'extrémité supérieure du balancier , presse parallèlement à lui-même, contre les aiguilles horizontales et fait enlever par la griffe les crochets qui correspondent aux trous pratiqués sur les cartons du cylindre ou du rectangle, ou simplement sur le cylindre ou sur le rectangle , à trous ouverts ou fermés, suivant le besoin du dessin.

4° D'un balancier, ou cames, attaché au châssis porte-aiguilles, et qui correspond par une corde à la marche ou pédale du métier ;

5° D'aiguilles horizontales, d'aiguilles verticales, de cordes d'arcades, d'une bascule mise en mouvement par une paire de bielles ou cames et faisant mouvoir le charriot. Nous en expliquons plus loin le détail, en suivant les lettres indiquées sur la planche.

L'ensemble est trop compliqué, pour pouvoir être expliqué clairement, dans une simple figure réduite ; si l'on voulait en avoir une idée exacte, il faudrait recourir au modèle monté, en examiner toutes les pièces séparément, ou faire comme a fait . M. Marin aîné, e mettre en mouvement et obtenir le même résultat qu'avait eu Vaucanson. On peut consulter le modèle en question au Conservatoire des arts et métiers de Lyon, où il a été exécuté, par ordre de la Chambre de commerce, sur les métiers originaux de l'époque du privilége de Jacquard. Il fait partie de l'intéressante collection de métiers, expliquant l'historique complet du tissage uni et façonné par la fabrique lyonnaise ; on doit donc être surpris de ce qu'en rapporte M. Alcan, dans son ouvrage sur les *Matières textiles*, où il dit que « le temps en a détruit la commande générale, etc. » ce qui est contredit par les faits patents.

J'ajouterai que les derniers passages de l'article en question indiquent que le métier marchait automatiquement. Donc, il était susceptible de faire plusieurs pièces à la fois. Il ne fabriquait primitivement que de l'uni, et plus tard, d'après le modèle du Conservatoire, il a pu exécuter des façonnés. Il pouvait ainsi fabriquer également de l'uni et du faconné et produire, en même temps, plusieurs pièces à la fois, sur une même largeur, puisque le secret de l'automotion était trouvé et que le mécanisme dépendait seul de la disposition créé par Vaucanson et non de l'ouvrier tisseur.

Cependant, le *Mercure de France* ne dit rien, touchant les additions ou transformations capitales que le métier a dû subir à cet effet. Et, si, comme le prétend la tradition, il est vrai que, dans son état primitif,ce métier ait été mis en action par un âne, attelé à l'arbre d'un manége établi, dans l'une des caves de l'ancien hôtel de Mortagne, rue de Charonne, 12, il serait certain qu'il eut été susceptible de fabriquer plusieurs pièces à la fois, mais il est évident qu'il n'en existe aucune trace apparente, sur le grand modèle, déposé au Conservatoire, et dont il vient d'être question.

# IX

*Appareil automoteur et mécanisme propre à accélérer la fabrication des étoffes unies et façonnées.*

La première idée du métier automoteur *self alting*, ou mécanique, dérive de l'emploi des *cames* de bois, ou de toute autre nature, qui servent à produire des mouvements de va-et-vient, de recul et de délic (1), ce qui permet le jeu automa-

(1) Déclic, du latin *declinis, declinatus*, détourné, éloigné, ressort ou crochet qui, étant retiré, fait qu'une machine entre en mouvement. Le terme déclic, qui signifie décroissance, détournement, décadence, a, par une certaine forme réthorique, un sens figuré rappelant le jeu du déclic de nos métiers à tisser.

tique des métiers à tisser. C'est le principe de tout métier mécanique, propre à la manipulation et au tissage des matières textiles, principalement du coton, de la soie, de la laine, etc. C'est ce qui constitue l'origine des machines à carder le coton, des métiers à tulle, à dentelle, à la barre, de tout système, mu par manége, eau, vapeur, etc.

Les cames ou excentriques sont aussi vieilles que l'art de la mécanique. Les anciennes balistes lançaient certainement leurs projectiles au moyen de cames ; Archimède, pas plus que d'autres, ne peut être considéré, comme père du métier automoteur, propre au tissage. Le premier emploi des cames, sur le métier à tisser, est, comme nous l'avons dit, attribué à l'officier de la marine française, de Gennes, mais ce métier n'ayant jamais fonctionné, cet illustre mécanicien ne peut être considéré comme le créateur du métier automoteur, propre au tissage. Vaucanson, partant de l'idée de ce dernier, substitua aux cames des *bielles* (1) ou excentriques en fer qui modifièrent la détente du battant, simplifièrent le système primitif et facilitèrent l'application et le jeu général des autres parties du métier. C'est là qu'on reconnaît l'intelligence du mécanicien qui sait appliquer à propos, améliorer, sans jamais détériorer. Le nouveau système ayant fonctionné, tant à Lyon, aux Brotteaux (1744) qu'à Paris, à l'hôtel Mortagne (1743-1744-1745) pour le tissage des étoffes unies et façonnées, c'est, sans contredit, Vaucanson qui doit être considéré, comme l'inventeur du métier automoteur ou mécanique propre au tissage.

Quant au mécanisme propre à accélérer le tissage des étoffes façonnées, il se compose de l'assemblage fait par Vaucanson, de toutes les inventions faites antérieurement à Lyon, par Basile Bouchon, Falcon et autres tisseurs mécaniciens de Lyon qui successivement ont employé les arcades, les aiguilles, les crochets, la lanterne, les cartons, la grille, les élastiques, etc., mais Vaucanson est le premier qui ait fait un

---

(1) *Bielles*, de l'italien *bicco*, en latin *obliquus*, à cause de la direction en biais de ces agents mécaniques, propres à produire, aussi bien que les cames, des mouvements de va-et-vient, de recul et de déclic, ce dernier, autre agent ou ressort mécanique.

emploi général de tous ces moyens particuliers, soit en les faisant agir les uns à l'aide des autres, soit en les perfectionnant les uns par les autres, et surtout en employant le système automoteur, dont il vient d'être question, ce qui supprime complétement le tireur de lacs, et même le tisseur, au moyen de son agent mécanique unique. C'était le plus bel hommage que pouvait rendre le prince des mécaniciens modernes à la fabrique qui passait pour modèle, pour la plus intelligente et la plus perfectionnée de l'époque. C'était la plus belle recommandation que pouvait faire le gouvernement français, à l'égard de celui qu'il avait choisi comme le plus digne, pour inspecter, conseiller et diriger les manufactures de soieries.

Après de nombreux essais fructueux, tant à Paris qu'à Lyon, après la propagation des résultats heureux, l'étonnant mécanisme fut délaissé et presque complétement oublié, à la suite des discordes civiles et des bouleversements politiques qui éteignirent complétement le flambeau de l'industrie. Tiré de son réduit, en 1804, par Jacquard, Bonhomme et Futinet, à la suite des instances répétées des fabricants lyonnais, Culhat, Dutilleu, Laseive, etc., le métier Vaucanson reparut sur la scène, quoique mutilé par des mains inhabiles, et fut enfin vulgarisé, dès 1812, par un habile mécanicien, natif de Privas, appelé *Breton*, qui remplaça par la presse ou pièce coudée, le charriot de Vaucanson, détérioré par Jacquard. Mais, ce qu'il y a de déplorable, c'est que le public dévoyé a donné à ce mécanisme, invention réelle de Vaucanson, le nom impropre de *mécanique à la Jacquard*, ou plus vulgairement et mensongèrement celui de *Jacquarde*, du nom de l'exploiteur incapable, ignorant et inintelligent, auquel on a fait sans raison une grande renommée de capacité, de science, voire même de génie. Je répète, et avec conviction : *incapable, ignorant et inintelligent* du simple art théorique et pratique du tissage, car dans tous ses essais mécaniques; ou qu'il a fait exécuter par des auxiliaires, il n'a donné aucune preuve de capacité, de connaissance, ni d'intelligence ordinaire, il n'a jamais pu ou su que détériorer, détraquer les meilleures inventions d'autrui, il ne connaissait même pas la différence entre une forme cylindrique et celle d'un carré, il n'a rien écrit, ni publié, note ou mémoire donnant une mesure quelconque de capacité, en matière de mécanique et d'industrie. Je répète donc ignorant au suprême degré, malgré ses deux brevets, des certificats, des faveurs, des distinctions, une pension viagère, malgré son titre même de membre titulaire, dès 1818, de la *Société d'agriculture, sciences et arts utiles de Lyon*, conséquence forcée de tout le reste.

Cependant ce n'était pas un être complétement illettré, comme je l'ai cru. Il savait très-bien figurer des lettres qui portaient comme sa personne, et comme représentent fort bien tous les portraits qu'on a de lui, un certain art de simplicité et de fine bonhommie, même de grave dignité personnelle. Son écriture calme, ferme et bien tracée n'offre aucun signe de cette ruse grossière, dont tous les actes de sa vie ont été remplis ; elle présente, malgré son ortographe défectueuse, un beau type du genre de l'écriture du dernier siècle. Et ce n'est pas étonnant, car Jacquard avait été, dès l'âge de sept ans, employé chez Barret, son oncle, imprimeur-libraire.

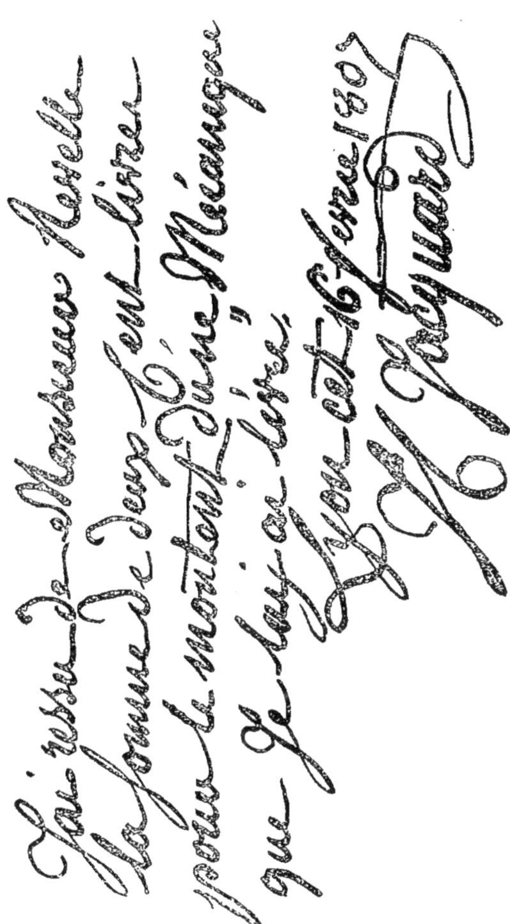

*Fig. 13. — Fac-simile de l'écriture de Jacquard.*

Je dois à l'obligeance de M. Gaspard Bellin, communication de cette pièce originale. On sait qu'outre de nombreuses publications, ce savant polyglotte est auteur d'un poème, en quinze chants, où, dans des vers harmonieux et imagés, il a passé eu revue toutes les industries qui ont figuré à l'Exposition universelle de 1867. Celles de la soie et les travaux successifs de Vaucanson, ainsi que ceux des artistes et ouvriers en soie de Lyon, y ont été célébrés, d'une manière technique et minutieuse, mais il n'a trouvé qu'un seul mot pour exprimer l'action personnelle de Jacquard. Heureux ! a-t-il dit, et rien de plus. Heureux, oui, ajouterai-je, mais malheureux ceux qui ont eu confiance en ce dernier !

Depuis que j'ai écrit ceci, j'ai appris que cette pièce originale fait partie d'un ouvrage très-curieux, intitulé : *Vieux châteaux et vieux autographes*, souvenirs de Lyon d'autrefois, par Alexis Rousset.

J'ai soumis cette pièce à M. Siebenpfeifer, adepte érudit de la science graphologique, enseignée par M. Michon. Il y a reconnu une écriture peu ordinaire, annonçant de grandes idées, une volonté et une ténacité extraordinaires, une persévérance portée aux derniers degrés, avec quelques marques partielles de sensualité et de découragement. Ce qui dénote l'exactitude de ce portrait, c'est que, malgré certains traits assez remarquables, Jacquard avait quelque chose de bestial dans la physionomie que justifiaient ses penchants pour les femmes.

Des deux signatures, inscrites sur le métier U... K... 19, n° 5,352, du Conservatoire de Paris, exécuté en 1796 et breveté en 1801, imitation défectueuse du système Verzier, l'une est imprimée et l'autre faite au pinceau. Cette dernière est évidemment de la même main sûre, calme, ferme et correcte qui a écrit la pièce ci-jointe.

Ce *factum* n'en est pas moins un grand enseignement sur le désintéressement prétendu de Jacquard, car, il lui avait été alloué, par l'Etat, 50 francs de prime, à la charge du trésor, pour un privilége d'exploitation de six ans, et il vendait les mécaniques 200 francs. Or, comme à cette époque, elles lui revenaient a peine à 50 francs, d'après M. Grognier, il réalisait donc 200 fr. net, par mécanique, soit une somme totale de 11,400 francs pour 57 mécaniques, constatées par la Chambre de commerce, non compris 3,000 francs de rente viagère par an, qu'il touchait, depuis 1806, sans avoir jamais rien inventé, perfectionné, ni vulgarisé, mais seulement avoir détraqué les inventions d'autrui. Et voilà ce qu'on appélle du désintéressement et du patriotisme !

Nous donnerons plus loin la figure réduite au vingtième, vue par derrière, d'une de ces mécaniques fabriquées de 1805 à 1806 par Jacquard ou ses auxiliaires, Bonhomme et Futinet. C'est une imitation grossière, on pourrait dire barbare du chef-d'œuvre de Vaucanson. Elle ne serait pas digne d'être représentée, et ne peut par conséquent être considérée comme objet d'art, mais comme elle figure au Musée d'industrie de Lyon, on a pensé qu'elle pouvait servir d'objet de comparaison et avait un certain degré d'utilité historique ; d'ailleurs c'est une pièce capitale, pour la preuve de l'exploitation et de la *détracation* opérées contre Vaucanson. Il m'a bien fallu apporter la pièce importante du débat : c'est un croquis de la nature altérée prise sur le fait.

Il paraît qu'en 1807, quand ledit Jacquard déménageait du palais Saint-Pierre la dernière des 57 mécaniques vendues à la fabrique, on criait : Au Rhône, au Rhône les mécaniques ! Non pas par la raison de la *simplification du tissage*, comme on a voulu le faire croire (Falcot et tant d'autres), mais par la raison bien naturelle que les acheteurs avaient été indignement trompés, malgré qu'il fut avéré que Vaucanson avait fait admirablement marcher son procédé, et par la raison qu'il leur avait été impossible de faire marcher des mécaniques protégées par un privilége exceptionnel, ce qui avait occasionné de grands débats entre ouvriers et fabricants, et par suite de grandes pertes à l'industrie lyonnaise.

Voici les noms de quelques tisseurs présents dans la circonstance et qui avaient été dupes du charlatanisme de l'exploiteur en question : Patis, à la Grande-Côte ; Brun, Dunoyer, Bessenet, Puy, Mille, à la Croix-Rousse; Furnion, rue des Marronniers; Verzier neveu, cour des Archers; Girodon, rue Royale, etc., quant à Rive, beau-frère de l'exploiteur, et qui habitait la Crande-Côte, il s'était bien pourvu d'une mécanique dont il faisait montre, mais seulement pour faire mousser l'article ; aucune n'a pu être utilisée. Il faut ajouter toutefois que, dans la manifestation contre les machines en question, s'étaient glissés comme d'habitude d'autres ouvriers déclassés qui n'avaient rien à faire dans le débat. On cite des

cordiers qui prétendaient que les machines suprimant semples et lacs, portaient préjudice à leur industrie.

Le mécanisme se composait des pièces suivantes :

A. B. C. D. Montants du bâti ou châssis de la mécanique
fixés sur le bois supérieur du métier.

E. E. Traverse portant le charriot porte-rectangle x, appelé
*cylindre* par Jacquard.

F. F. Contrepoids tirant le charriot en avant et en arrière.

G. G. Charriot porte-lanterne ou porte-rectangle x, appelé
*cylindre* par Jacquard.

H. Loquet en fer, faisant agir le rectangle x, appelé *cylindre*
par Jacquard. Il était fixé au côté B. et agissait sur les dents
de la rondelle du rectangle x, appelé *cylindre* par Jacquard,
rectangle porte-cartons ou porte-papiers percés.

I. I. Crochets verticaux, dont le bec recourbé est à leur
extrémité supérieure.

J. Griffe enlevant les crochets, d'après les trous des cartons
figurant le dessin.

K. K. Supports de la bascule.

L. L. Leviers auxquels sont attachées les cordes de la marche ou pédale qui met le métier en mouvement.

x. Rectangle, appelé *cylindre* par Jacquard, avec sa lanterne d'un côté, deux trous de repères et un boulon en fer de
chaque côté.

Il est à remarquer que, dans le système représenté par la
figure, comme dans celui de Vaucanson, il n'existe aucune
boîte d'élastiques, destinées à repousser aiguilles et crochets.
On sait que cette heureuse application a été introduite postérieurement par Breton, après l'expiration du privilége de
Jacquard. Il est fâcheux que le nom de *mécanique à la Jacquard* ait persisté, malgré la différence qui a existé entre celles
vendues par cet exploiteur, toutes impropres au tissage, et
celles confectionnées par Breton et ses successeurs.

C'est le cas plus que jamais d'adopter le nom de *Lyonnaise*
pour désigner le mécanisme inventé par Vaucanson et adapté
à la fabrique par ces derniers mécaniciens. Il faut réserver
exclusivement le nom de *Jacquarde* à cet appareil grossier
qui a fait le désespoir des bons ouvriers de Lyon et qui a

occasionné de grandes pertes à i'Etat, à la ville et aux particuliers.

C'est ce même modèle que, vers 1818-1819, j'ai vu fonctionner, en présence de Jacquard lui-même, chez M. Pierre Villard, ancien employé de la célèbre maison Suchet, professeur distingué de théorie. pratique, qui habitait place Saint-Clair, et auquel on doit la combinaison des ombrés du dessin, par effets d'armures (1). C'était cette mecanique remarquable surtout par les *ratés* (2) qu'elle occasionnait, source de tant de préjudices à la fabrique, et que le père Villard, car c'est ainsi que nous l'appelions, à cause de son caractère agréable et jovial, nous expliquait, en même temps que les autres mécaniques modifiées et perfectionnées par Breton, Skola et autres. Je me la rappelle parfaitement cette fameuse mécanique primitive, et avec moi l'ont vue une foule d'élèves de la même école, qui, plus tard, ont marqué leur place dans le commerce, les arts, les sciences et les lettres : Audran, Bender, Berger, Brosset, Doux, Dugrolet, Dumas, Prosper Meynier, Paul Saint-Olive, Benjamin Robert, Sauzet, Vincent Solar, Vigières et autres dont le souvenir ou les noms échappent à ma mémoire. L'orgueilleux Jacquard se gardait bien de rien ajouter aux paroles du professeur, assez caustiques, d'ailleurs à son égard ; il restait, malgré son habitude de vantarderie, dans un mutisme que l'on prenait pour de la bonhomie, mais ce n'était réellement qu'une enveloppe d'audace et de ruse concentrées.

(1) *Armure,* du latin *arma,* armes, mode de croisement de la chaîne avec la trame, produisant de petits effets réguliers et modifiant successivement les dispositions fondamentales primitives du tissu.

(2) *Ratés,* terme employé en fabrique pour désigner les faux coups de la marche, ce qui occasionne la courbure des aiguilles, le dérangement des crochets, le jeu irrégulier de la griffe, la désorganisation des différentes parties de la mécanique, le bousillage de la chaîne et la détérioration du tissu. Avec la mécanique primitive, fournie par l'entreprise privilégée de Jacquard, il y avait cette particularité que, lorsqu'avait lieu un *raté,* on avait perdu le pas, on ne pouvait plus le découvrir, ni en allant en avant, ni en allant en arrrière. Le dessin offrait alors une imperfection par sa discontinuité. C'est ce qu'on évita complétement par suite de la modification apportée vers 1816 par Breton.

La question est, comme on le voit, très-complexe; elle embrasse trois parties différentes, en âges successifs :

1º Mécanisme Vaucanson, ayant exécuté, dès 1744, les tissus les plus compliqués. On peut en avoir la conviction, par les modèles déposés dans les conservatoires, ainsi que dans l'ouvrage de M. Alcan, planche 28, figures 3, 4, 5, 6 et 7 ;

2º Grossière imitation de ce mécanisme, faite en 1804, par Jacquard et ses acolytes, machine représentée ici par le dessin figure 14 et qui n'a jamais pu fonctionner convenablement ; on peut, avec juste raison, l'appeler *Jacquarde* ou *machine à la Jacquard*.

3º Mécanisme Vaucanson, modifié par Breton, de 1806 à 1816, et adapté, dès cette dernière époque, aux besoins actuels de la fabrique ; c'est ce que nous avons proposé d'appeler *Lyonnaise* ou *mécanique à la lyonnaise*. Elle est représentée et confondue avec la *Jacquarde*, proprement dite, dans les modèles des conservatoires, ainsi que dans les ouvrages spéciaux ; tels que Bezon, Falcot, Gantillon et autres.

Quant à Jacquard, il n'a été connu en fabrique que par quatre essais, tous également infructueux :

1º Imitation ou copie de la mécanique Verzier, de 1728, avec brevet en 1790, mais sans application ;

2º Essai de métier à fabriquer le filet, pour la pêche maritime, avec brevet en 1801, mais sans aucune application, malgré toutes les subventions et dépenses de la ville de Lyon;

3º Imitation grossière du mécanisme Vaucanson, avec privilége de 1805 à 1811, ayant fait le désespoir de la fabrique lyonnaise et causé les plus grands préjudices ;

4º Essai d'un battant-brocheur, vers 1820, à la Sauvagère, à l'aide d'un nouvel acolyte, appelé *Cadet Poix*, menuisier, imitation grossière de la lanterne tournante, ou cage à écureuil, de Robert Kay : une boîte de ce dernier essai infructueux est déposée au Musée de la Martinière de Lyon.

L'opinion des hommes les plus compétents sur Jacquard a été toujours unanime. Je vais citer celle de M. Gamot, ancien directeur de la Condition publique des soies de Lyon, un de mes plus sérieux concurrents, dans la mission en Chine; elle est assez piquante et fait le portrait le plus ressemblant du personnage en question. En 1853, un littérateur, M. X.... se

présente au bureau de la Condition, chez **M**. Gamot, le priant
de lui donner quelques renseignements sur Jacquard, attendu
qu'il désirait concourir au prix de 1,000 francs, institué
par **M**. Mathieu de Bonafous, pour le meilleur éloge de cet
industriel, d'après le rapport de **M**. Victor de Laprade, à
l'Académie de Lyon. **M**. Gamot lui répondit simplement :
« Jacquard n'a été qu'un imposteur *et une f.....* *bête.* » Cette
opinion était professée ouvertement par **MM**. Mathevon,
Prosper Meynier et autres membres de la Chambre de commerce, mais on n'osait pas se mettre alors en opposition
ouvertement contre les meneurs de l'époque.

Je tiens ces propres paroles de l'honorable **M**. Maisiat,
professeur actuel de tissage à l'Ecole de la Martinière qui,
malgré la crudité de l'expression, les tenait de **M**. Gamot lui-
même, en réunion publique, au milieu d'un grand nombre de
personnes.

# X

*Digression*

On dit que nous sommes enclins à rapetisser et mettre à
l'ombre nos véritables illustrations ; tandis qu'on cherche à
exalter outre mesure ce qui est vil, vulgaire et même méprisable et indigne de l'application de l'histoire vraie. Aussi, les
nations étrangères disent que nous sommes un peuple de
chanteurs et de danseurs, ce que l'on aurait pu exprimer par
des termes plus polis et moins malséants. J'ai vu imprimer
cela dans un ouvrage remarquable, intitulé : *Annuaire de
Calcutta,* pour 1844.

Ce reproche est-il fondé ? Je ne le crois pas, quoique nous
fournissions des armes à nos détracteurs, notamment au sujet
de Vaucanson, dont personne ne dit mot à Lyon, ville qui lui
doit la majeure partie de la prospérité de sa fabrique de
soieries, tandis qu'elle rend sans conteste des honneurs inouis

à un ouvrier déclassé. On pourrait cependant le croire ; quand on voit d'autres personnages vraiment mémorables, ayant successivement apporté leur part de génie, au développement de cette brillante industrie, complétement oubliés. Ouvrez les pages luxuriantes des chroniques, parcourez les pompeuses tirades des poètes de l'Académie de Lyon ; y trouverez-vous un seul souvenir des de Gennes, des Revel, des Vaucanson, des Datilleu, des Chuard, des Philippe de Lassalle, des Bony, des Grégoire, des Depouilly, des Beauvais, des Maisiat et de tant d'autres ingénieux artistes et fabricants, presque effacés !

Un exemple de cette tendance déplorable nous est offerte, par le fait d'un ouvrier normand, appelé *Buron*, qui, en 1806, présenta à la société d'encouragement un appareil à faire le filet pour la pêche maritime. Son métier, déposé au Conservatoire de Paris, fut reconnu propre à faire un tissu bien confectionné, bien noué, et, surtout, chose recommandée, ne laissant pas glisser la maille, point de départ de la fabrication du tulle. Le croira-t-on ! Cet habile artisan fut inhumainement congédié, sans qu'on lui allouât la moindre indemnité, tandis que l'heureux Jacquard, protégé, on ne sait pourquoi, recevait des récompenses, pour un appareil *breveté* qu'il prétendait apte à faire du filet, mais qui, en fin de compte, fut reconnu propre à rien. Combien de machines brevetées sont dans le même cas ! Qu'en est-il résulté ? C'est que la fine Albion s'est emparée du procédé Buron et qu'un adroit Anglais a su s'en servir, comme d'un type ou point de départ, pour l'invention du métier à fabriquer le tulle bobin, tandis que le mécanisme Vaucanson était attribué à un marchand de chapeaux de paille, jadis carrier et carioleur.

N'avons-nous pas vu de nos jours, l'ingénieux mécanicien Breton, de Privas, auteur de la boîte à élastique, de la presse coudée et d'autres améliorations et perfectionnements à la *machine Lyonnaise*, qui, après les essais infructueux de Jacquard et de ses acolytes, malgré le privilége accordé à ce dernier, parvenu à vulgariser et à faciliter le système Vaucanson, mis à l'ombre, comme était celui dont il avait révélé l'ingénieux mécanisme ; tandis que l'exploiteur rusé, cupide et audacieux est encore aujourd'hui encensé dans les musées, dans les temples et jusque sur les places publiques.

En 1823, j'ignorais la valeur du libre-échange, et cependant, je le pratiquais. Me trouvant en Angleterre, patrie-mère du libre-échange, où l'on voyageait sans passe-port, sous le ministère assez libéral de Georges Canring ; je crus devoir, sans songer à mal, engager des ouvriers de Wolwich, pour le compte d'une acierie, récemment établie à Saint-Étienne. Hélas ! je ne me doutais guère que je tombais sous le coup de la loi anglaise et, comme tel, que j'étais passible de la peine de mort. Je dus fuir au plus tôt pour ne pas subir les conséquences de l'acte que j'avais commis.

On se rit donc de nous, quand, avec franchise, nous avons établi, au profit de l'Angleterre le libre-échange qui a si cruellement atteint tant de nos industries et qui fera peut-être un jour disparaître celle de la soie, du sein de notre patrie. Puisse cette prédiction ne pas se réaliser, comme a été celle de Vaucanson, à l'égard de Jacquard !

En 1845, je parcourais les provinces sérifères de la Chine intérieure, ce pays de la tolérance religieuse et commerciale, portée aux limites extrêmes, je me rendais avec M. Pohlman, missionnaire américain, lui, pour offrir gratuitement des bibles et des instructions bienfaisantes, moi, pour visiter les cultures séricoles et les ateliers sérigènes de la province du Fou-Kien, dans les environs de Tchang-tcheou, faisant l'un et l'autre du libre-échange, sans nous en douter.

Malgré notre passeport régulier, nous n'en fûmes pas moins plongés, pendant douze heures, dans un cachot infect, en compagnie de moustiques, d'araignées, de rats et de serpents. Le *Chinese Repository*, année 1847, vol. XVI, page 50 et suivante, a rendu compte de ces détails, premiers jalons de nos relations, aujourd'hui si importantes avec la Chine.

Avant de quitter cette capitale, et pour reconnaître les bons offices du gouverneur, je lui fis cadeau d'un spécimen de fabrication lyonnaise, que, dans mon inexpérience d'alors, je disais produit de la mécanique à la Jacquard (*Jacquard loom*). C'était un portrait d'Henri V, tissé sur soie par Gantillon, artiste théoricien-praticien, œuvre d'art remarquable qui fit sensation, parmi les maîtres tisseurs et connaisseurs de la localité. J'avais bien inondé le pays du portrait de Louis-

Philippe, portant le drapeau tricolore, en deux couleurs, et de celui de la reine Victoria au diadème et aux atours fades, ternes et sans éclat, ainsi que d'autres sujets des fabriques de Lyon et de Saint-Etienne, du type noir et blanc, système Didier, Petit et Carquillat, qui ne disent rien au cœur, ni à l'esprit ; mais, quand le gouvernement vit ce portrait, imitant le fini de la gravure avec toutes ses teintes, avec la perfection du dessin et tous les détails de la peinture la plus parfaite, système perfectionné des anciens tableaux de Chuard, et qui représente si fidèlement la vie et la nature, il tomba en extase, et décida qu'il serait déposé dans son palais, comme production merveilleuse de l'industrie lyonnaise.

Les voyageurs qui iront à Tchang-tcheou pourront reconnaître cette trace de mon passage, en cette ville, à moins que les imitateurs des vandales du palais d'été, au *Hia-men* de Pékin, n'aient fait disparaître ce modeste souvenir, comme on l'a fait, à l'égard des richesses artistiques et scientifiques amassées, depuis plus de 3,000 ans. Notons, toutefois, en passant, qu'il existe ou qu'il a existé, à Tchang-tcheou, au sein de la Chine intérieure, un portrait type de l'industrie lyonnaise, système Gantillon, tandis qu'il n'en existe aucun du même genre, ni au Musée de l'industrie, à Lyon, ni au Conservatoire des arts et métiers de Paris. Que n'y a-t-il aujourd'hui quelque moderne Vaucanson, pour faire toucher au doigt ces anomalies, peu dignes d'un pays qui s'intitule civilisateur et progressif ?

Je n'examinerai pas avec ce reporter, pourquoi les Chinois nous infligèrent d'abord un pareil supplice, pour nous traiter ensuite magnifiquement, mais je leur donne parfaitement raison, maintenant que je vois, par expérience, la pente fatale sur laquelle nous nous laissons glisser, sans avoir conscience du danger.

On se rit donc des pionniers chevaleresques qui vont, au péril de leurs jours, et avec désintéressement, rechercher des objets utiles aux arts, au commerce et à l'industrie, tandis que des avanturiers, des rêveurs, des ambitieux gaspillent, à leur profit, le fruit des travaux et des bienfaits de ces hommes généreux.

Toutefois, disons-le avec franchise et conviction ; le *sic vos non vobis* a été de tous temps et de tous pays. Rome, l'Espagne, l'Angleterre même, elle qui nous a fait souvent de sanglants reproches, ne sont pas à l'abri de cette funeste tendance, qui a toujours été et qui sera toujours. C'est donc le devoir d'un écrivain honnête et consciencieux, dans l'intérêt de l'histoire morale et sérieuse, de rétablir les faits, dans leur simplicité primitive, de proclamer en tout et partout, malgré les criailleries des émeutiers et des fanatiques, la vérité, toute la vérité, rien que la vérité : *Suprema lex veritas.*

# XI

*Revendication du rectangle en faveur de Vaucanson*

On a contesté à Vaucanson l'emploi et l'application du rectangle ou lanterne carrée, prisme ou plutôt parallélipipède en bois, qui reçoit des plaques ou parallélogrammes de carton mince, sur lesquels on figure le dessin par des trous, obtenus au lisage avec des emporte-pièces. On donne pour raison que le mécanisme Vaucanson ( copié en 1804 par Bonhomme et Futinet, auxiliaires de Jacquard), ne présentait qu'un simple cylindre ou lanterne ronde, au lieu du rectangle ou lanterne carrée, appliquée par lesdits Bonhomme, Futinet et Jacquard.

Plusieurs preuves évidentes, matérielles et historiques prouvent surabondamment que Vaucanson a connu et employé le rectangle, avant Bonhomme et Futinet, en 1804, et avant Breton en 1806, tous trois auxiliaires de Jacquard. La première preuve découle de la connaissance parfaite que Vaucanson avait de l'existence de la lanterne carrée, inventée par Basile Bouchon (1725), puisqu'il faisait usage des repè-

res (1) de ce dernier et des cartons que Falcon (1728) y avait
adaptés. Car, si Vaucanson a fait emploi d'une lanterne ronde
ou cylindre, c'est simplement par mesure d'économie, et s'il
eut voulu employer exclusivement le cylindre, il aurait com-
biné une planche à aiguilles, en rapport avec ce cylindre et
aurait même donné à cette planche une direction concave,
propre à recevoir plus naturellement le cylindre amené par le
charriot.

La seconde preuve, toute matérielle, c'est l'emploi par
Vaucanson de la planche à aiguille, à surface plane, percée
de 8 rangs de 50 trous chacun, soit 400 trous, avec un tenon
ou repère de chaque côté aux extrémités, planche évidemment destinée à recevoir primitivement un rectangle ou lanterne carrée, dans son usage complet. Si Vaucanson, dans la
circonstance particulière, où se trouve son métier, au lieu d'un
rectangle, présente un cylindre ou lanterne ronde, n'employant
que 100 à 200 crochets, sur un ou deux rangs de la planche à
aiguilles, c'est pour simplifier et faciliter le travail, c'est pour
faire au besoin l'économie des cartons. Ne voit-on pas aujour-
d'hui la même mesure pratiquée, au moyen de la raquette
pour tous les montages d'armures ? Il est de toute probabilité
que les imitateurs maladroits du mécanisme de Vaucanson
ont trouvé le rectangle, à côté du métier, mais qu'ils n'ont pas
su trouver le moyen de le faire agir convenablement. Ils ont
dû l'emporter et le soustraire. N'avons-nous pas déjà fait
connaître des soustractions bien plus importantes de documents, concernant Vaucanson, qui ont eu lieu dans les archives
de la Chambre de commerce de Lyon ?

La troisième preuve, simplement inductive et historique,
c'est la confection par Vaucanson, sur le métier de son invention, de tissus à grands dessins, parfaitement exécutés (et
surtout sans *ratés*), exigeant au moins, et plus au besoin, 400

---

(1) Basile Bouchon avait le tenon ou repère fixé au pousseur,
représentant le rectangle ou le cylindre. Vaucanson le fixa sur le
montant de la mécanique; c'est ce que Jacquard imita, comme on
peut le voir par le rectangle x de la figure 14. Plus tard, Breton plaça
le repère sur le rectangle lui-même qui devint le pousseur ; ce qui
a été observé depuis.

crochets et ne pouvant pas être obtenu par un simple cylindre ne desservant que 200 crochets, ou moins. Cela résulte de l'entrevue, en 1744, de Vaucanson, alors inspecteur général des manufactures de soieries, avec l'élite de la fabrique lyonnaise, envers laquelle l'illustre académicien-mécanicien prit l'engagement de faire exécuter les tissus façonnés les plus compliqués par un âne, engagement qu'il remplit après trois mois de travail, sous un hangar des Brotteaux, au su et vu de toute la presse française et de la population ouvrière de Lyon.

Ainsi, il est parfaitement reconnu et démontré que le métier Vaucanson, présentant une planche à aiguilles, *plate*, percée de 400 trous et pourvue de repères, était propre à marcher, aussi bien avec un rectangle, pour le service de 400 crochets et plus, qu'avec un cylindre pour le simple jeu de 200 crochets et même moins ; et que si le constructeur eût eu en vue l'emploi exclusif d'un récipient ou collecteur sphérique, il aurait donné à sa planche à aiguilles, non une surface plane, mais une surface légèrement bombée et concave.

Ce système est encore aujourd'hui en usage, à Tarare et à Charlieu, où l'on emploie, pour les tissus unis ou à simples effets d'armures, un mécanisme diminutif de la *Lyonnaise*, auquel on donne le nom de *raquette* ou *ratière*, et dont la forme est tantôt cylindrique, tantôt rectangulaire, avec ou sans cartons, suivant le besoin ou le plus grand nombre de crochets (24 à 100) que l'on a à employer.

Il est encore évident que Jacquard ou les auxiliaires maladroits qu'il avait employés, pour la copie du mécanisme Vaucanson, s'étant emparé du rectangle qui devait accompagner le métier de ce dernier, pour servir d'échange, n'ont jamais pu parvenir à le faire marcher convenablement, malgré six ans de privilége exceptionnel (1805-1811). Et la preuve n'en est-elle pas dans ce terme insolite de *cylindre*, appliqué au rectangle par ces imitateurs ignorants , maladroits et inintelligents !

# XII

*Autres détails touchant le métier automoteur de Vaucanson*

Le célèbre mécanicien apporta encore d'autres notables perfectionnements, dans les autres parties de son métier. Ils consistèrent, dans l'application de la vis sans fin, pour l'enroulement graduel de l'étoffe sur l'ensuple (1) de devant, imitation de de Gennes, mais améliorée par le fait d'une entente plus régulière. Il y introduisit aussi diverses autres combinaisons ingénieuses, dont on peut étudier les détails, soit sur le grand modèle, métier original, exécuté par Vaucanson lui-même et exposé dans la salle dite des *Filatures*, portant la marque U .. K... 18 et la date de 1745, d'après le *Mercure de France*, soit sur le petit modèle, copie du précédent, œuvre de M. Marin aîné, et qui fait partie de la série des métiers lyonnais, entièrement exécutée par lui, histoire la plus véridique du tissage, déposée au Conservatoire de l'industrie et des arts de Lyon.

La plus ancienne mention du métier Vaucanson a été, en effet, faite en 1745 par le journal littéraire, imprimé à Paris, le *Mercure de France*. Voici ce qu'il en dit :

« La machine consiste en un premier mobile, en forme de cabestan, faisant marcher plusieurs métiers à la fois et mu par une force quelconque. L'étoffe se roule, à mesure qu'elle se fabrique. L'auteur a trouvé le moyen de déterminer la quantité de soie qu'il veut faire entrer dans son tissu, en donnant plus ou moins de poids au battant, en tenant la chaîne plus ou moins tendue, et en faisant donner plus ou moins de trame par des tours de manivelle : c'est par de sem-

---

(1) Ensuple ou ensouple, du bas latin *insubulum* rouleau : à Saint-Etienne on se sert exclusivement de ce terme, pour désigner, soit les rouleaux de devant, soit ceux de derrière; à Lyon, c'est tout le contraire.

b!ables moyens qu'il fait dévider (enrouler) son étoffe, plus ou moins vite, selon que la trame est plus ou moins grosse et plus ou moins frappée. »

On reconnaît bien vite dans ces dispositions économiques la même série d'idées qui a présidé aux améliorations de la filature et du moulinage, faites par Vaucanson, et qui tendaient à l'application des *tours comptés*, un des plus ingénieux et des plus utiles perfectionnements apportés récemment dans la séritechnie, et dont nous avons déjà parlé. Continuons nos citations.

« Les lisières de l'étoffe fabriquée, sur le nouveau métier. sont bien plus belles et plus parfaites que celles des étoffes ordinaires, l'auteur ayant trouvé le moyen de supprimer une pièce auxiliaire, appelée le *tempia* (1), dont on se sert pour contenir l'étoffe dans sa largeur, mais aussi qui gâte les lisières, par les trous que les pointes y font. »

« En cas de rupture et de nouage des fils ou changement de navette, on arrête le métier sur le champ, en poussant un bouton, placé à l'un des angles du bâti, sous la main d'une jeune fille veillant à quatre de ces métiers. Cet arrêt, d'un mécanisme nouveau et fort ingénieux, suspend et redonne, comme un éclair, tous les mouvements du métier auquel il appartient. Un cheval peut faire marcher trente de ces métiers; un homme en ferait aller dix, chaque métier produisant par jour autant que le meilleur ouvrier. »

Ne dirait-on pas que cet article, écrit en 1745, au sujet d'une invention de cette époque, concerne la description d'une fabrique de nos jours ? Toutefois, j'avoue n'avoir pas pu saisir ce qu'a dit le savant, M. Alcan, au sujet de cet arrêt si simple, si facile à comprendre et que nous avons déjà mentionné plus haut. Aujourd'hui, toutes les grandes manu-

---

(1) *Tempia*, du latin *templum*, également appelé *tempe, temple, templu,* suivant les localités. C'est un ustensile, employé par les tisseurs et qui est formé d'une règle plate de bois, munis de dents, ou pointes fixes de métal, et en forme de crémaillère. Elle aide à contenir l'étoffe dans la largeur et à empêcher les plis ou froissures, qui pourraient avoir lieu, sous la main du tisseur, à mesure de l'enroulement de l'étoffe sur l'ensuple ou rouleau de devant.

factures de soieries, répandues dans le département du Rhône, de la Loire et de l'Isère, munies de ces métiers mécaniques à tisser, avec arrêts facultatifs instantanés et obligés, sont installés d'après l'ancien système de Vaucanson.

# XIII

*Erreurs dans lesquelles sont tombés les historiens, au sujet du mécanisme inventé par Vaucanson et attribué à Jacquard*

Un écrivain dit : « Dans un voyage que Vaucanson fit à Lyon, s'étant vu poursuivi par les ouvriers, parce qu'il cherchait à *simplifier les métiers*, il construisit, pour *se venger*, une mécanique avec laquelle un âne exécutait une étoffe à fleurs. » Cette version a été adoptée par les mille historiographes qui se sont copiés, les uns à la suite des autres. C'est rendre un véritable service à l'histoire, en général, que de signaler de pareilles bévues.

Ceux qui ont écrit cela ont méconnu l'intelligence et l'amour du progrès de la fabrique lyonnaise, ainsi que le caractère noble, franc et élevé du célèbre mécanicien. Avait-on jamais eu l'idée, à Lyon, de persécuter Dangon, Garon (1717), Galantier et Blache, Basile Bouchon (1725), Philippe de Lassalle, Falcon, Verzier (1728), et tant d'autres *simplificateurs* du tissage ? Pouvait-il venir dans la pensée d'un homme comme Vaucanson, investi de fonctions en quelque sorte paternelles, adonné à toutes les recherches pour l'amélioration des manufactures de soie, de se venger d'une manière si puérile et si improvisée, d'une fabrique qui l'avait reçu avec tant de déférence et de respect, et qu'il considérait lui-même comme la plus avancée et la plus industrieuse de l'époque ?

Les historiographes ajoutent : « La mécanique à la Jacquard produisit une grande crainte. On maudit l'inventeur qui allait enlever, par la *simplification* du tissage, le travail à de nombreux ouvriers. » Et l'on a pu écrire cela, pour une époque, où l'industrie manquait de bras, où l'Etat, les établissements publics encourageaient et favorisaient par tous les moyens la *simplification* du travail ! La vérité réelle est que Jacquard fut maudit, à l'époque où par suite du privilége d'exploitation qui lui fut malheureusement accordé pendant six ans (1805-1811), il répand sur la place de Lyon cinquante-sept mécaniques, copies défectueuses du système Vaucanson dont il se prétendait l'inventeur, ce qui occasionna de grands préjudices aux ouvriers crédules et confiants qui les avaient achetées et les avaient employées. Une partie de ces désastres s'est déroulée devant le tribunal des Prud'hommes, où le nom de Jacquard a laissé une triste mémoire.

L'ignorance et l'inintelligence ont donc travesti les faits dans les deux cas, d'une part à l'égard de Vaucanson, et de l'autre à l'égard de Jacquard. Les ouvriers qui avaient contribué à la terrible émeute de 1744, qui avaient même pu entraîner quelques *cordons bleus* (1) (il y a des organisations faibles dans les plus hautes positions), n'étaient pas seuls pour troubler l'ordre public, pour infliger des arrêtés aux échevins de Lyon. Ils étaient accompagnés d'une foule d'autres individus déclassés et autres, qui n'avaient rien à démêler avec les affaires de la fabrique et avec les invention de Vaucanson, tels que des crocheteurs, des maçons et autres échappés de la lie et de l'écume de la population ouvrière, et qui se rencontrent à toutes les époques d'émotion populaire.

Dans l'affaire de Jacquard, il n'y eut pas seulement en évidence les chefs d'ateliers qui avaient été victimes de sa maladresse et de ses mauvaises mécaniques, mais il y avait encore à la rescousse, des cordiers qui prétendaient que, par la suppression des semples et des lacs, leur industrie était exposée à péricliter. C'est ainsi que toutes les fois qu'il y aura

(1) Pour être maître-garde et *cordon bleu*, avant 1789, ce qui donnait droit à porter l'épée, il fallait avoir fait quatre ans d'apprentissage, six ans de compagnonnage et posséd r en suite un atelier de quatre métiers, grande tire; ce qui faisait entrer dans la maîtrise, où étaient choisis les *cordons bleus* : telle est l'institution renversée par la Révolution.

un motif quelconque bon ou mauvais, les mauvaises passions s'agiteront et prendront un prétexte pour faire le mal.

Ce qu'il y a de positif, c'est qu'au mois d'avril 1744, Vaucanson s'étant rendu à Lyon, dans l'exercice de ses fonctions d'inspecteur des manufactures de soieries, reçut la visite de tout ce que cette illustre cité possédait de plus éminent, parmi les fabricants, les dessinateurs, les teinturiers, les maîtres-gardes et les chefs d'ateliers. On mit sous ses yeux, en lampas, damas, brocards, velours et étoffes diverses, ce qu'on y fabriquait de plus fini. A la description qu'on fit de ces tissus et des moyens employés pour leur exécution, on ajouta que jamais aucun pays n'avait produit et ne produirait à l'avenir de pareilles merveilles, que c'était le *nec plus ultra* de la fabrication, tant à l'égard des moyens de fabrication, que de la perfection de l'exécution.

Vaucanson, tout en rendant hommage à la première manufacture de soieries du royaume, au génie de ses artistes, à l'habileté de ses ouvriers, déclara ne pas adhérer aux sentiments exclusifs qui venaient d'être exprimées. Il émit l'opinion au contraire qu'il n'y avait rien de nouveau sous le soleil; qu'avant nous, les Chinois, les Assyriens, les Tyriens, les Maures, les Vénitiens, les Espagnols même avaient eu leurs temps de prospérité et de splendeur, dans l'art du tissage; qu'à l'égard des moyens d'exécution, les hommes de tous les siècles n'avait fait que copier et imiter, plus ou moins heureusement, leurs antiques prédécesseurs, que les améliorations et les perfectionnements n'étaient que la conséquence des besoin du moment. Il annonca à l'assistance qu'il existait à Lyon des moyens d'exécution bien plus puissants que ceux qui avaient aidé à faire les tissus qui lui étaient présentés, et que lui, Vaucanson, sincère admirateur de l'industrie lyonnaise, se chargeait de les démontrer (ces moyens), de les rassembler et les employer, en supprimant jusqu'à la main de l'homme; par conséquent, il se faisait fort d'exécuter tous les tissus qu'on lui présenterait et même de plus compliqués, quelque fut la hauteur et la largeur du dessin, et cela, par une simple machine, par un âne.

Les assistants stupéfaits mirent Vaucanson au défi. Celui-ci ne demanda que trois mois et un local propice. Dans ce but, ils s'installa aux Brotteaux, sous un hangar, dans un terrain situé sur le cours Morand actuel, où était jadis le jardin du Grand-Orient, célèbre par la création du Guignol lyonnais et par les chansons du violoniste Thomas. Quand tout fut prêt, Vaucanson convoqua les notables, pour les faire assister au résultat de son expérience. On vit en effet un métier tout monté, surmonté d'un appareil inconnu, et produisant une riche étoffe façonnée, dans le genre de celles qui lui avaient été proposées, et cela au moyen d'une simple manivelle automotrice, mue par un manége auquel était attaché un âne borgne, fouetté par un enfant.

Dire la surprise des assistants ne saurait s'exprimer. On resta certainement confondu, on fut convaincu de la vérité des paroles et des moyens artificiels employés par Vaucanson, et dont quelques-uns avaient leurs similaires, parmi les mécanismes de l'époque. Mais si les hommes supérieurs et consciencieux rendaient hommage au génie et aux intentions du grand mécanicien, la multitude aveugle ne pouvait s'empêcher de ressentir une basse jalousie qui, avec l'aide de la vile populace, se traduisit en fanatisme, en désordre et en excès.

Telle a été l'origine du fameux mécanisme propre à accélérer le travail du façonné et des différentes interprétations données par les historiens. J'en ai fait le récit plus circonstancié à la *Société littéraire de Lyon*, en octobre 1873.

L'aveuglement des écrivains au sujet de Jacquard a été presque unanime, c'est-à-dire qu'ils se sont copiés, les uns après les autres, et chacun amplifiant l'un sur l'autre. On conçoit parfaitement cette altération émanant de journaux salariés, de personnes intéressées par des motifs particuliers, de romanciers, de poètes exposés aux écarts de l'imagination, ou de personnes étrangères à la localité et aux opérations du tissage, mais de la part de gens du pays, de personnages préposés ou intéressés à conserver intacts l'honneur et les traditions de la fabrique lyonnaise ; c'est inimaginable. On a été jusqu'à dire, dans un rapport, censé sérieux, inséré dans les *Annales de la Société d'agriculture, sciences naturelles et arts utiles de Lyon*, en 1863, qu'il y avait eu de la part de Jacquard, « un éclair de génie dans l'application des cartons de Falcon à la machine de Vaucanson, » comme si ce dernier avait ignoré l'existence de Basile Bouchon, inventeur des cartons en 1725 et celle de Falcon, applicateur de la lanterne ou rectangle, en 1728; comme si Vaucanson n'avait pas appliqué lui-même ces deux objets sur son mécanisme, imité si défectueusement par Jacquard, comme si le génie pouvait exister dans le cerveau d'un ignorant, d'un être incapable et inintelligent, qui n'avait fourni d'autre preuve de son aptitude que celle de détraquer, de détériorer tout ce qu'il touchait et de n'apporter partout où il paraissait, que confusion et désordre; qui, enfin, n'avait été ni ouvrier en soie, ni mécanicien ; mais, fondeur, relieur, carrier, carrioleur, soldat et marchand de chapeaux de paille. Et, voilà, celui qui a été inventé par la Révolution pour être le patron de la fabrique lyonnaise !

Les émeutiers de 1744 avaient mille fois tort, les prétextes ne leur avaient pas manqué, pour troubler l'ordre public, mais l'invention des biographes est à la fois ridicule et odieuse; les émeutiers modernes, en prenant, dans l'écume de la population ouvrière, un dieu symbole du tissage de la soie, ont renversé les rôles, ils ont pris pour idole un âne véritable, chargé des reliques du Jacobinisme et du Saint-Simonisme.

Ce qu'il y a de plus instructif encore, c'est que pour l'exécution d'un tissu, au moyen d'un simple moteur mécanique, Vaucanson avait devancé son époque d'un siècle. Que de fois il a rappelé qu'il fallait se défier des prétendues inventions, que l'on faisait valoir auprès des administrations, en vue d'obtenir des faveurs et des priviléges ! Ne dirait-on pas qu'il prévoyait qu'un jour un aventurier, avide, audacieux, s'emparant de son mécanisme, s'en servirait sans le comprendre, ni savoir le reconstruire, pour tromper le public ? Et, il y a eu des reporters, arrivant tous à la suite et à la rescousse, pour aider le detraqueur et l'exploiteur, il y a eu des hommes de lettres, des poètes et des romanciers pour encenser le faux dieu !

# XIV

*Pourquoi a t-on donné la qualification de mécanique à la Jacquard,
à un mécanisme qui n'est, en aucune manière, de l'invention de ce
dernier, mais qui est incontestablement de celle de Vaucanson.*


Au commencement du xive siècle, les ouvriers en soie de
Lyon avaient dégénéré ; ils n'étaient pas ce qu'ils sont actuellement. Leurs demeures insalubres, les dispositions encom-
brantes des métiers à la tire, alors en usage pour le faço .né,
ne contribuaient pas à leur I ien-être physique, ni au d´velop-
pement de leur intelligence. Les 'vénements désastreux de
la première Révolution avaient démoli les institutions protec-
trices de l'ordre dans la fabrique, enrayé le développement
de l'industrie et fait perdre le souvenir des tentatives opérées,
pendant la monarchie, dans le but de la faire progresser. Les
vieux *canuts* (1) de la première République étaient loin de nos
tisseurs actuels. C'était généralement des êtres étiolés, amoin-
dris au physique et dont la capacité intellectuelle consistait,
dans le soin de veiller aux cannettes, de caller et de ponter
solidement un méti.r, d'ajuster des bouts d'arcades et de
remonder des fils de chaîne. Les canuts de Lyon étaient, sous
tous les rapports, inférieurs aux passementiers de Saint-
Etienne, dont les métiers mécaniques importés, avant le
commencement du xixe siècle, favorisaient leur développement
physique et intellectuel.

Aujourd'hui, grâce au mécanisme Vaucanson, au lisage
mécanique des cartons, à l'emploi des différentes pièces qui
constituent cet appareil propre au tissage du façonné, vulgarisé

---

(1) *Canut*, terme vulgaire, aujourd'hui pris en mauvaise part, et par
lequel on désignait jadis les ouvriers en soie de Lyon. Il dérive de
canette, du celtique *can, cana,* tuyau de roseau, sur lequel repose le
fil de trame contenu dans la navette.

par d'habiles mécaniciens, grâce à toutes les combinaisons nécessaires à l'exécution du dessin, le tisseur est devenu un véritable artiste, plus fort que le dessinateur, que le metteur en carte ; il faut qu'il soit mécanicien, il est plus fort que le fabricant, proprement dit ; il se distingue, autant par ses connaissances théoriques , que par son expérience de la pratique.

Maintenant, le fabricant n'est, en quelque sorte, que le négociant, le spéculateur, le distributeur de la matière première et le débitant du produit fabriqué. C'est le tisseur qui est le véritable créateur, c'est lui qui, le plus souvent, fournit au fabricant l'idée mère du genre, les moyens de combiner les effets du dessin et de disposer le travail. C'est donc dans le tisseur que gît la principale organisation de l'étoffe façonnée. Quant à l'étoffe unie, c'est tout différent ; la bonne disposition des matières premières par le fabricant fait tout.

Aussi, quand en 1804, on exposa, rue Saint-Marcel, à Lyon, la copie du mécanisme Vaucanson, grossièrement ébauchée par Bonhomme et Futinet; dont Jacquard se prétendait l'inventeur, toute la naïve population canuse se hâta d'accourir et fut émerveillée de voir supprimer semples et lacs et de voir enlever tout le corps des arcades par une seule pédale. On s'inquiéta peu de savoir quel était réellement le véritable inventeur ; chacun voulut voir la merveille simplificatrice du travail, bienfaitrice de l'ouvrier, tout le monde courut voir le fameux mécanisme, la *machine à la Jacquard*.

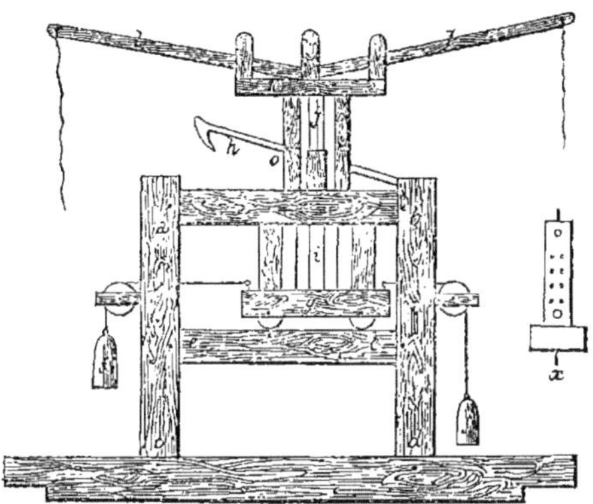

*Fig. 14. — Machine originale de Jacquard.*

Telle est l'origine primitive de cette erreur populaire, transmise d'incidents en incidents et qui s'est accrédité comme une vérité, au point qu'aujourd'hui même, des contemporains, parfaitement au courant de la question, l'ont adoptée sans conteste, par différentes raisons que nous allons exposer.

On a fait connaitre ailleurs que, malgré l'état de prostration dans lequel se trouvait la fabrique lyonnaise, à la suite de la première Révolution, on avait conservé à Lyon le souvenir des tentatives diverses pour l'amélioration du tissage, pour la simplification du travail manuel ; on se rappelait surtout le triomphe éclatant de Vaucanson, qui avait éclipsé tous ses devanciers et produit un appareil qui réunissait toutes les conditions désirables, pour la simplification particulière du tissage, comme pour l'amélioration générale des métiers.

Dès le commencement du retour de la tranquillité publique, dès que les affaires commencèrent à reprendre, on sentit vivement le besoin de stimuler le zèle des travailleurs, le génie des artistes et des industriels. L'État, les Sociétés publiques, les etablissements de commerce concoururent, par tous les moyens, pour relever le travail national.

Ce fut dans ce but que MM. Dutilleu, Culhat, Laselve et autres membres distingués de la fabrique engagèrent Jacquard, alors désigné par la notoriété publique, comme doué d'une nature entreprenante, et d'ailleurs recommandé par l'obtention de deux brevets d'invention, à se rendre à Paris, pour rechercher au Conservatoire le fameux métier Vaucanson.

Malheureusement Jacquard était d'un esprit trop lourd, il resta assez longtemps à Paris sans pouvoir le découvrir, il fallutque quelques-uns de ces messieurs s'y rendissent pour le chercher et qu'ils lui indiquassent l'endroit où il se trouvait tout monté, avec sa pièce, à moitié tissée; c'était dans un coin du grenier du grand Conservatoire. M. Mathevon-Bouvard, un des anciens membres de la Chambre de commerce de Lyon, auquel je suis redevable de beaucoup de renseignements à cet égard, m'avait assuré que, par l'influence de ces messieurs, Jacquard avait été placé, comme garçon de peine dans cet établissement, ce qui rendait encore plus étonnante la non-réussite de ce dernier, dans la recherche du métier en question. Tout ce que j'ai recueilli à cet égard, auprès des chefs de cet établissement n'a pas confirmé cette allégation ; ce qui est parfaitement sûr, c'est que ce n'est pas Jacquard, mais bien MM. Dutilleu, Culhat et Laselve qui ont découvert le fameux métier de Vaucanson.

A la suite de ces démarches, Jacquard exposa la copie qu'il en fit faire, devant la Société d'encouragement, comme d'un mécanisme dont il aurait été l'inventeur. Cette Société ne se laissa pas prendre au piège, mais comme on avait alors un immense intérêt à protéger toute tentative, en faveur de l'industrie, elle accorda un encouragement à Jacquard, sans oublier de consacrer le souvenir inaltérable de Vaucanson.

Au retour de Jacquard à Lyon, la Chambre de commerce de cette ville, émue par la faveur accordée à cet industriel, et surtout par la rumeur publique, à la suite de l'exposition du fameux mécanisme, en rue Saint-Marcel, réclama elle-même une exposition officielle au palais Saint-Pierre.

Là, malgré la connaissance parfaite qu'avaient les principaux personnages de la fabrique lyonnaise du véritable inventeur du mécanisme exposé, on se garda bien de contredire

Jacquard qui ne se gênait guère pour s'en proclamer l'inventeur ; on avait hâte de sortir de la torpeur où gissait le travail public. A quoi aurait servi, pensait-on, de récriminer, en faveur simplement de la vérité et de l'histoire ? N'y avait-il pas danger à rappeler de tristes souvenirs, ceux de l'insurrection ouvrière de 1744 ? N'y avait-il pas à craindre d'enrayer un mouvement qui pouvait stimuler le zèle si désiré des ouvriers ? Hélas ! on ne se doutait pas quelle chaine de comédies successives on allait ourdir.

Sans examiner à qui appartenait le mécanisme exposé, on accorda donc à Jacquard, outre de nombreuses gratifications, un privilége inqualifiable de six années, pour l'exploitation de cet appareil. Aussi, dès le début, les principaux ouvriers s'inscrivaient en foule, pour acheter le fameux mécanisme, la *mécanique à la Jacquard*, comme on l'appelait de toutes parts. Tel est le second acte de cette fameuse mystification qui est la cause de la substitution du nom de mécanisme Vaucanson, en celui de *machine à la Jacquard*.

Nous avons présenté les diverses phases opérées sur le mécanisme en question, tant au début par Bonhomme et Futinet, qu'à la suite par de plus habiles mécaniciens, tels que Breton, Skola, Berly, Tranchard et autres véritables artistes qui, dans le fond, n'ont pas perfectionné, mais modifié, vulgarisé, adapté le mécanisme primitif à la fabrique actuelle. Car, il faut bien saisir la question au vif, telle qu'elle est, malgré ce qu'en dit M. Alcan, sur une prétendue obscurité de la commande générale du métier Vaucanson, nous ne craignons pas de le proclamer : ce métier, dans son organisation primitive, était de toute évidence, parfaitement apte à fabriquer le tissu façonné.

Nous arrivons à l'exposition de 1819, à la consécration officielle de la dénomination de *machine* ou *mécanique à la Jacquard*, par la décoration accordée par l'Etat a cet industriel. A cette époque, les appareils de fabrique exécutés par d'habiles constructeurs, sur le modèle de Vaucanson avaient favorisé l'exécution des dessins les plus riches, des tissus les plus somptueux. De nombreuses maisons de soieries de Lyon, telles que les Dutilleu, les Chuard, les Goyabet, les Grand, les Lemire, etc.,etc., les Charles Depouilly, les Camille Beauvais, surtout, avaient exposé des œuvres de la plus grande beauté. Jacquard alors, assez découragé par de nombreuses protestations publiques qui s'étaient révélées jusque, sous la forme de pétitions au Conseil municipal de Lyon, s'était bien gardé de souffler mot, d'exposer lui-même quoi que ce fut. Le jury fut appelé à prononcer, sur le mérite des tissus qui avaient été présentés à l'exposition et à proposer le plus digne pour la seule croix dont on pouvait disposer.

On fut bien embarrassé. Le mérite était à peu près égal partout. Mais comment, dit-on, ces charmantes étoffes ont-elles été tissées ? Par les métiers à la Jacquard, répondit-on. Qu'est-ce que c'est que ce Jacquard, ajouta-t-on ? C'est un mécanicien, muni de deux brevets, qui a obtenu des récompenses de l'Etat, de la Société d'encouragement, un privilége de la Chambre de commerce de Lyon, une pension de la même ville, pour ses inventions passées, présentes et futures, etc. Le ministre, sur la déclaration du Jury, décerna donc la distinction honorifique à Jacquard, quoiqu'il n'eût rien exposé, malgré que la population intelligente de la fabrique lyonnaise sut positivement que ce dernier ne fut pour rien dans l'appareil qui portait son nom et que, dans le fond, c'était réellement le mécanisme Vaucanson, couvert de la dénomination mensongère de *machine à la Jacquard*, qui avait opéré les merveilles de l'Exposition de 1819 ; d'ailleurs, depuis l'expiration du privilége, en 1811, Jacquard ne s'était plus occupé de mécaniques ; il vivait, *sur le velours*, comme on dit vulgairement et se livrait simplement à son ancien commerce de chapeaux de paille, sur la place de la Guillotière. Ce fait, entre tous, donne la valeur des faveurs et des distinctions, souvent trop légèrement accordées.

Et, voilà, pourquoi ce titre a obtenu une consécration qu'il sera difficile, malgré le bon sens public, de détruire, malgré toutes les preuves matérielles et historiques qu'on peut lui opposer ; c'est le troisième acte d'une comédie burlesque qui va finir par une mascarade.

Pendant le gouvernement de Juillet, quelques temps avant et après la mort de Jacquard, le Saint-Simonisme, précurseur du libre-échange, eut besoin d'un piédestal, pour se rendre les ouvriers favorables. On créa un dieu du tissage et on choisit un mythe pour le rendre plus impénétrable et, par conséquent, plus populaire. Jacquard fut naturellement préféré, car il passait pour ancien Jacobin ; ce qui était dans les idées populaires du jour. D'ailleurs, les faveurs exceptionnelles qu'il avait reçues de toutes parts, jusqu'à une pension viagère de 3,000 francs, formaient un faisceau de présomptions toutes naturelles, grossies par le concours d'autres agents mystérieux, littéraires, scientifiques et industriels.

On ne doit pas oublier les rêveries des poètes, des romanciers, des littérateurs et des auteurs en tous genres, friands de légendes sur le même sujet.

Pourquoi ne citerait-on pas les rapports à l'Académie de Lyon dans le même sens, les discours de personnages influents de la Chambre de commerce de Lyon, qui eurent pour résultat les célèbres compositions du peintre Bonnefond, des fabricants Didier et Petit, du sculpteur Foyatier ?

Dans la salle des peintres lyonnais, au Musée de Lyon, on admire, avec raison, une toile de Joanny Chatigny, don de l'Etat, étude représentant les célébrités de cette ville, qui ne manque pas d'un certain cachet artistique et historique, où a été introduite la figure du mythe légendaire, d'invention révolutionnaire, ce qui doit nuire à la considération des autres personnages. A gauche , est placé Mazard , 1660-1734 , l'auteur de perfectionnements en chapellerie, industrie jadis très-florissante à Lyon ; à droite, est figuré Octavio Mey, inventeur du lustrage des taffetas , en 1690, d'après les *Lyonnais dignes de mémoire*. Mais, pourquoi oublier Jean Revel, peintre-fabricant, auteur de perfectionnements aux dessins de fabrique, 1684-1751 ; Philippe de Lassalle, dessinateur-fabricant-mécanicien, inventeur du grand régulateur pour meubles et les autres grandes illustrations, tant anciennes que modernes de la fabrique lyonnaise, cette industrie principale source de la prospérité de Lyon? Le peintre n'aurait pas dû oublier que le vrai est le seul beau, le seul nécessaire, le seul respectable.

Personne n'a perdu le souvenir des nombreuses croisades en faveur de la même cause, de la part d'un grand négociant, successeur à Lyon du père Enfantin. Venait-il un seul francmaçon anglais, américain, allemand qui ne fut l'hôte du fougueux saint-simonien et libre-échangiste ? A-t-on manqué une fois de faire le pélérinage au jardin et à la maison Jacquard, d'aller visiter le tombeau du prétendu patron des tisseurs et des mécaniciens, d'admirer surtout l'inscription monumentale de l'église d'Oullins. La procession a été longue et peut-être dure-t-elle encore ?

Telles furent les dernières causes de l'engouement, au sujet de la *machine Jacquard*. Aujourd'hui, les yeux sont un peu dessillés ; on est revenu, en fabrique, à des idées plus saines ; c'est pour cela que nous avons proposé de substituer à ce nom mensonger la dénomination mixte de *Lyonnaise* ou *mécanisme à la lyonnaise*, pour désigner l'appareil propre à fabriquer le façonné, qui a été inventé par Vaucanson, modifié, vulgarisé et adapté à la fabrique successivement, par un grand nombre de mécaniciens et de chefs d'ateliers de la fabrique lyonnaise que, sans exagération, on pourrait porter à cent.

# XV

*Appareil pour la filature et le tordage du coton*

Cette invention doit s'appliquer plutôt aux villes du nord de la France qui exploitent l'industrie cotonnière qu'à Lyon, spécialement adonné aux diverses manipulations de la soie. Toutefois, quel rapport existe-t-il entre l'appareil en question, mentionné dans le catalogue des inventions de Vaucanson, et les métiers à filer le coton, appliqués et successivement perfectionnés par les Anglais ? Ces métiers, dont nous ne trouvons aucun indice de similitude, chez les Chinois, ont l'avantage de conserver le *parallélisme du mouvement du charriot*, comme on le voit, dans l'appareil appelé *Jeannette-la-fileuse*, inventé en 1768, par le tisserand F. Hargreave, ainsi que dans ceux, dits *Mulle-Jennys*, confectionnés en 1779, par le fabricant S. Crompton. Ces appareils, de la catégorie des machines, dites en anglais *self acting*, c'est-à-dire mécaniques ou mues d'elles-mêmes par un agent automoteur, *came* ou *bielle*, ont été tous produits, à des époques postérieures aux grandes conceptions de Vaucanson. Il est à remarquer cependant que l'agent principal, le système automoteur des cames date de ce dernier, ainsi que de son prédécesseur de Gennes. Toutefois, M. Alcan, si bien au courant de la question, pense que les premières machines anglaises perfectionnées, pour la préparation du coton, ne remontent pas au-delà de l'année 1780, date rapprochée de la mort du grand mécanicien français. *Essai sur l'industrie des matiéres textiles*, page 108.

Ce qu'il y a de bien remarquable à cet égard, c'est la préoccupation constante de Vaucanson qui, malgré tous ses travaux, dans l'intérêt de l'industrie spéciale de la soie, dont il a été chargé par le gouvernement français, d'une manière toute particulière, ne néglige aucun autre détail de l'économie des autres matières textiles, dont la ville de Lyon peut être appelée un jour à recueillir les fruits. Si on doit regretter l'absence de documents complets sur cette matière, il faut espérer qu'un écrivain, plus heureux que moi, en découvrira de nouveaux qui combleront cette lacune. Il ne faut pas aussi perdre de vue que l'industrie dauphinoise, notamment celle de Vizille, était ou tendait à être considérablement intéressée à l'industrie du coton ; il ne faut pas oublier, non plus, que Vaucanson était grenoblois. Avis donc aux zélés pionniers, aux sérieux historiographes du Dauphiné, aux amis des sciences et des arts de tous pays, de Vizille et de Grenoble surtout !

# XVI

*Machine à faire des lacets, des cordonnets, etc.*

L'industrie des lacets est moderne en France ; cependant, dans le catalogue des inventions de Vaucanson, il est question de machine propre à cette fabrication. On sait déjà qu'elle existait, en 1804, à Barmen et à Elberfeld, du grand duché de Berg ; c'est ce [qui résulte d'un rapport de M. Ladoucette, inséré à cette époque, dans le *Journal des Débats*, où l'on signale de petits métiers en fer, fixés sur une table ; ils étaient mis en mouvement par une seule personne et fabriquaient, chacun et chaque jour, une centaine d'aunes de lacets. Cette modicité de produits provenait de l'infériorité de la matière première et de la fabrication, résultat du manque d'initiative et d'intelligence de la part des fabricants.

En 1807, M. Jean-Louis Richard (Chambovet), se trouvant à Paris, obtint de M. Joseph Montgolfier, d'Annonay, alors directeur du Conservatoire des arts et métiers, la permission de visiter et d'étudier le modèle, exécuté par Vaucanson (?), d'après lequel on fit établir de très-économiques appareils, en planches de sapin, pour occuper les enfants d'une maison de charité de Paris.

M. Richard apprit que ces petits métiers avaient été vendus à vil prix, faute de réussite, il les chercha et parvint à en découvrir trois qu'il acheta et qui, rendus à Saint-Chamond, lieu de sa résidence, lui revinrent à 200 francs, pièce. Ce fut avec sept autres appareils semblables, achetés à Lisieux (Calvados) et dix autres acquis, plus tard, que cet actif et intelligent industriel forma le premier noyau de sa grande fabrique de lacets, tant de soie que de coton, non-seulement perfectionnée par les soins donnés à la matière première, mais par le choix et l'utilisation bien comprise des appareils. Et cela, avec ses seules ressources, fruit du travail et de l'économie, sans aucun secours étranger, subvention, ni gratification de l'État !

Mue d'abord par une chute d'eau et plus tard par la vapeur, cette manufacture, vraiment modèle, comprenait une agglomération de *poupées danseuses*, présentant des fuseaux conduits par des *pattes d'oie*, pièces de bois, espèces de *cames*, en forme de croissant. Cet établissement qui a placé le nom de Richard-Chambovet, au nombre des héritiers du génie économique de Vaucanson, a été l'un des plus brillants de l'industrie Forésienne ; ce nom vénérable figurera avec distinction, parmi les grandes notabilités du département de la

Loire, les Beaunier, les Dugas, les Bancel, les Peyret-Lallier,
les Jackson, les Verpilleux.

A défaut de détails, nous ne pouvons reconnaître, si le
procédé Vaucanson était le même que celui successivement
employé, dans le grand duché de Berg, à Paris, à Lisieux et à
Saint-Chamond ; nous laissons cette étude intéressante à nos
successeurs. Cependant, nous devons rappeler que les Chinois
fabriquaient des lacets, cordonnets, galons, gances, padoux,
etc,, bien longtemps avant les Européens. A mon retour de la
Chine, en 1847, M. Ennemond Richard, fils du précédent,
voulut bien, dans de charmantes notices, insérées dans les
journaux de Saint-Etienne, donner la description de chacun
des articles de passementerie chinoise qui faisaient partie de
ma collection.

J'ajouterai, à cet égard, que, dans ma *Description méthodique*, page 261, nᵒˢ 793 et 794, il est question de lacets, appelés en chinois *Taï*, c'est-à-dire ruban, *Tong-sin-shing*, corde
à cœur d'arbre, *i-pien*, bordure de vêtements, ainsi qu'à la
page 267, nᵒˢ 17 et 18, et à la page 269, nᵒˢ 45, 46 et 47.
Deux dessins, exécutés à Canton, par un artiste indigène,
appelé *Ting-Kwa*, et faisant partie d'une grande collection de
dessins d'appareils chinois, représentent le mode da fabri--
cation, employé en Chine.

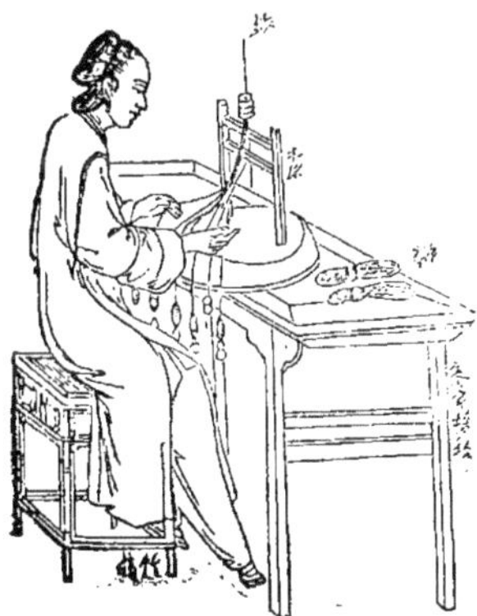

Fig. 15. — *Petit métier de lacets chinois à une ouvrière.*

Le premier dessin n° 72 de la page 368 de cet ouvrage représente une ouvrière assise sur un tabouret en bambou ; elle est devant un petit métier installé sur une table. Cet appareil se compose de deux montants verticaux, liés par deux traverses horizontales, superposées et fixées sur un plateau. Entre ces deux traverses, est glissée une broche verticale, garnie d'une bobine, sur laquelle s'enroule l'objet fabriqué, appelé *pien*, c'est-à-dire bordure, au fur et à mesure de l'exécution. Une âme en coton est introduite et s'aperçoit au bout inférieur de la broche. Sur la table, reposent deux paquets de tissus fabriqués. Des caractères chinois désignent les noms techniques de chaque objet.

Le second dessin, n° 68, de la même collection, offre un panier circulaire en osier, placé sur une table, autour duquel pendent des fils de soie, de coton, de laine ou de toute autre matière, dont l'extrémité inférieure est pelotonnée. Deux ouvrières, aux petits pieds et à la chevelure luxuriante, sont assises sur des chaises en bambou et travaillent, chacune de leur côté, à l'exécution d'un tissu dans le genre du lacet, du tulle ou de la dentelle, et qui est enroulé au fur et à mesure de la fabrication, dans la partie supérieure de l'appareil, à deux chevilles, fixées sur un piquet droit.

*Fig.* 16. — *Petit métier de lacet chinois à deux ouvrières.*

Il est probable que les Chinois possèdent d'autres métiers pour la fabrication des autres articles de même genre. Vaucanson en a-t-il eu connaissance, ou avait-il puisé ses inspirations dans les appareils qui pouvaient exister en Europe, pour la fabrication de la dentelle ? C'est ce que nous examinerons plus loin.

En attendant, voici la représentation de fabriques, étudiées à Tchang-tcheou, du Fo-kien et à Sou-tcheou, du Kiang-sou, dont nous avons parlé page 57, et dont la description détaillée aura lieu dans le cours du chapitre xxiv.

Fig. 17. — *Fabrique de tissus à textures diverses.*

# XVII

*Métier à tricot ordinaire, sans envers, à mailles fixes, à peluche sur chaîne, à tulle, à dentelle, etc.*

Tel est le titre que nous trouvons sur le catalogue de Vaucanson, mais nous sommes privés de renseignements, sur les moyens employés par cet habile mécanicien. Nous savons seulement que le *tricot ordinaire* dont il est question, existe généralement, aussi bien que le *tulle sans envers* ; nous pensons que le tissu *à mailles fixes*, cité dans le titre, doit être du genre connu à Lyon et imaginé par le sieur Bonnard ; il est probable également que le tissu particulier, dit à *peluche sur chaîne*, doit être l'équivalent de ce que l'on a appelé momentanément, en anglais *tulle porcupine*, tulle porc-épic ; quant à la *dentelle*, c'est un article trop intéressant, pour que nous ne disions pas notre mot à l'occasion, léger souvenir de l'admiration qu'il nous cause.

D'après les spécialistes, le métier Vaucanson serait dérivé de l'idée de modifier le tricot ou tissu à aiguilles courbées. Les métiers de Nîmes, propres à fabriquer les bas, très-nombreux dans cette ville, avant la première Révolution (1789), appartenaient à cette série. Le *Journal économique* de 1767, attribue à un compagnon serrurier de Basse-Normandie, l'invention de ce métier à bas, sous le ministère de Colbert (1665). Il est regrettable que son nom ne soit passé à la postérité ; car, s'il est réellement l'auteur de cet utile engin, où les cames ont été si heureusement appliquées, une statue lui aurait été mieux appliquée qu'au si célèbre mythe lyonnais, patron des dupes. Il y a une trentaine d'années qu'un bon ouvrier de Nîmes, nommé *Grégoire*, aussi renommé, par son habileté dans l'art du tissage, que pour ses qualités personnelles, a appliqué, sur le métier à bas, des aiguilles d'une jauge très-fine, ce qui lui a permis de produire une sorte de tulle tricoté, tant uni que façonné, des dentelles, des tissus à mailles et des broderies. M. Philippe Hedde, ancien professeur de théorie pratique, conservateur du Musée industriel de Saint-Étienne, en a rendu compte, dans une notice consacrée, en 1846, à l'explication des *aiguilles plongeantes*, en anglais *lappets*, espèces de cames, et qui a fourni les premières notions des machines à coudre. Voir ma lettre à la *Société d'agriculture de la Loire*, à l'égard de Thimonnier, novembre 1874.

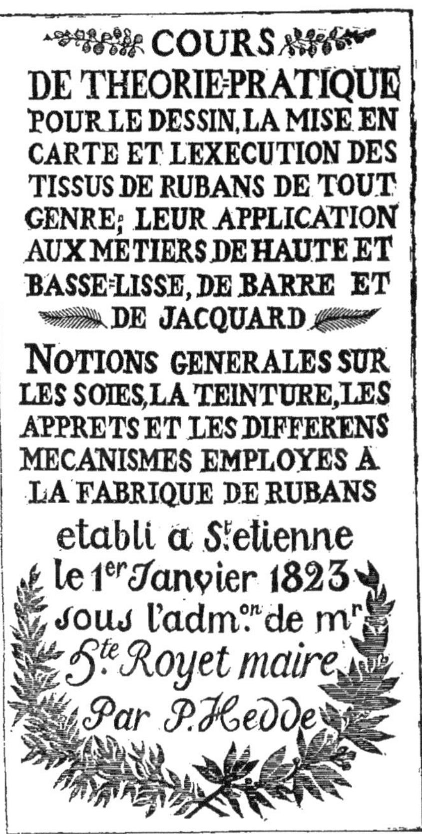


Fig. 18. — *Adresse de Philippe Hedde.*

Comme souvenir de l'artiste original, qui a fourni au musée de la Martinière un modèle miniature de métier à la barre, j'ai cru nécessaire d'insérer ici le fac-similé, réduction à moitié, d'une adresse tissée et brochée, en diverses couleurs de soie, petit œuvre d'art, que je considère comme type du genre, admirablement et grandiosement défini, par l'inimitable chef-d'œuvre de Maisiat, le *Testament de Louis XVI*.

J'ajouterai : c'est aux morts que l'on doit la vérité toute
entière ; le nom de M. Philippe Hedde est associé à celui de
Vaucanson par des faits notoires. Né au Puy-en-Velay en
1796, mort à Nîmes en 1858, il avait consacré toutes ses
facultés, à l'étude des matières textiles. C'est un des premiers
qui, avec ma coopération, a introduit de 1818 à 1826, chez
MM. H. Royet et Thiollière-Peyret, fabricants de rubans, à
Saint-Etienne, les premiers appareils Vaucanson, modifiés
par Breton, Skola, Berly, Tranchard et autres, et les a fait
appliquer sur les métiers à la barre, pour la fabrication des
rubans façonnés à grands dessins.

C'est lui qui, dans des notices successives, a vulgarisé
les œuvres de Roland de la Platière (1), a fait connaître
les divers procédés d'amélioration, au fur et à mesure des
perfectionnements, tendant à faire concorder le mécanisme
Vaucanson avec les battants automoteurs des métiers à la
barre de ruban. C'est enfin lui, un des premiers qui, dans un
opuscule intitulé : *Parallèles entre Vaucanson, Paulet et Jacquard*, a soulevé une partie du voile qui couvrait l'analogie
du mécanisme Vaucanson avec la machine à la Jacquard, qui
surtout a appelé l'attention publique, sur les anciens articles
du *Mercure de France*, concernant l'invention de Vaucanson.

Voici le détail des pièces de ce mécanisme, figure 12, dont
nous avons, page 43, donné l'explication sommaire :

A B C D Châssis de la mécanique ;

E E Support du charriot ;

F F Tiroir à aiguilles ;

G G Cordes d'arcades ;

H Charriot porte-cylindre ou porte-rectangle ;

I Balancier ;

J Griffe ;

(1) Roland de la Platière (Jean-Marie), né en 1732, à Villefranche
(Rhône), inspecteur-général des manufactures de soieries de la géné-
ralité de Lyon, en 1770, un des successeurs de Vaucanson, auteur du
*Dictionnaire des manufactures et des arts*, faisant partie de l'*Encyclopédie méthodique*, ministre de l'intérieur, partisan de la Gironde,
victime de la Terreur, en 1793.

ᴋ Chaîne de la marche ;

ʟ Châssis porte-aiguille.

Il est vrai que l'opinion de M. Ph. Hedde était encore très-réservée ; il écrivait, en 1852, et croyait à la vulgarisation du système Vaucanson par ledit Jacquard, qu'il qualifiait de *providentiel*, d'après l'opinion du jour ; mais privé des documents qu'un long séjour à Lyon m'a permis de recueillir, il ne se doutait pas du rôle réel que Jacquard avait joué, et de l'effet délétère qu'il avait produit, pendant un privilége de six années, celui d'enrayer le mouvement de la fabrique. On ne doit donc pas être étonné que j'aie placé, parmi les premiers partisans du culte de Vaucanson, le nom de M. Ph. Hedde, et que j'aie laissé sa carte de visite, à l'adresse de ses imitateurs.

Quant à Thimonnier (1), j'ai expliqué :

1° Que longtemps avant que ce mécanicien songeât à s'occuper des machines à coudre, M. Ph. Hedde étudiait, en 1822, à Paisley ( Ecosse ), les métiers à aiguilles plongeantes, *Lappets*, source primitive du système desdites machines ;

2° Que vers 1823, j'ai vu moi-même, chez un tailleur du Strand, près de Charing-Cross, à Londres, fonctionner une de ces machines pour la couture des gilets, pantalons et vêtements ;

3° Que ledit Thimonnier, vers 1826, a travaillé chez moi, rue de Paris, à Saint-Etienne, sous la direction de mon frère, M. Ph. Hedde, alors conservateur du Musée de cette dernière ville, pour l'établissement d'un battant à quatre aiguilles plongeantes, propres à la fabrication des rubans à dessins brodés, battant qui est resté longtemps exposé dans ledit Musée ;

4° Que c'est à la coopération de Jean-Pierre Clair, né aux Vastres (Haute-Loire), habile mécanicien , employé à l'École des mineurs de Saint-Etienne, donateur au musée du Puy-

(1) Pour tout ce qui concerne Thimonnier, né à l'Arbresle, en 1793, et mort à Amplepuis, en 1857, on doit consulter les rapports des différents jurys aux expositions universelles. Paris, 1855 et 1867, Lyon, 1872, 21ᵉ section, etc.

en-Velay d'une riche collection de machines propres à l'agriculture, aux sciences et aux arts, principalement pour tout ce qui concerne la manipulation de la soie, que c'est à l'appui et à la bienveillance de M. Beaunier, directeur de ladite école, fondateur du premier chemin de fer français, auteur de la première carte du bassin houillier de l'arrondissement de St-Etienne, que Thimonnier est redevable des secours, de toute nature, qui lui permirent de fonder une entreprise à Paris, pour l'exploitation des machines à coudre, entreprise malheureusement infructueuse.

M. Philippe Hedde a eu un digne successeur: c'est M. Scillon qui, en 1873, a publié à Saint-Etienne un cours de *théorie pratique*, pour le tissage des rubans, livre parvenu à sa deuxième édition, unique dans ce genre, et qui fait pendant à ceux de Bezon, de Falcot, de Gantillon et des autres spécialistes, en étoffes de soie. Cet ouvrage, en 16 livraisons, est précédé d'un lexique, ou glossaire, expliquant les principaux tissus, relatifs à l'industrie rubanière ; il est accompagné de plus de 200 figures techniques, réparties en 21 grandes planches, décrivant toutes les combinaisons de cette fabrication si intéressante.

Il est à désirer que l'auteur qui a tant de fois cité le nom impropre de Jacquard, pour lui attribuer une invention et des perfectionnements qui ne sont pas de lui, ajoute à son travail, comme l'avait déjà fait son prédécesseur, M. Hedde, quelque mention de l'historique des métiers à la barre et des illustrations qui, comme Vaucanson, s'y rapportent, depuis Burgein jusqu'à Boivin, Olagnon, Pergier et Reverchon ; ce serait, dans une troisième édition, le complément indispensable d'un travail aussi sérieux que le sien. Continuons notre revue des articles à texture croisée ou entrelacée.

Les métiers à tulle, inventés par Heathcoat, vers 1809, et importés quelques années après, dans les villes du nord de la France et à Lyon, ne partent pas de la même série d'idées que celles de Vaucanson. Le mécanicien anglais a pris pour point de départ le réseau ou fond de dentelle, tandis que Vaucanson n'aurait eu en vue que les tissus tricotés, à aiguilles courbées.

Le tricot, de l'allemand *strick*, lacet, nœud ; en anglais

*knit*, est un tissu élastique, à mailles faites avec des aiguilles, soit droites à la main, soit courbées et employées au métier. C'est un article à la fois du ressort des industries de la laine, du coton et de la soie. Sa confection, au moyen d'un seul fil tortillé, a du réclamer bien plus de génie que les plus splendides étoffes à chaîne et trame. Ce qu'il y a de plus particulier en lui, c'est que sa texture présente, dans un sens, la forme singulière de la chaîne sans fin à la Vaucanson.

Le tulle, entoilage à réseau uni, dérive de la ville de ce nom où, suivant M. Jh. Seguin. depuis la majorité de Louis XIII (1610) jusqu'en 1789, cet article fut la spécialité d'un foyer manufacturier, dont il était l'âme, ainsi qu'Aurillac.

Le tulle, en anglais *tulle* ou *net*, qui forme aujourd'hui la base des dentelles d'imitation, est un tissu léger, formant une espèce de grillage, au moyen de trois rangées de fils, enlacés de manière à présenter une série d'hexagones réguliers, disposés les uns à côté des autres. Le métier Vaucanson serait dérivé de l'idée de modifier le tricot ou tissu à aiguilles courbées ; c'est en France, dit M. Alcan, que les premiers métiers à tulle ont été employés à la confection des tulles de soie. MM. Jolivet et Cochet, de Lyon, en ont demandé un brevet d'invention en 1791. Dans mon aperçu sur l'*Histoire de Saint-Etienne ancienne et moderne*, publié en 1840 ; j'ai cité le brevet d'invention, obtenu en 1809, par les sieurs Dervieux et Piaud, pour une machine propre à fabriquer le tulle en fond de dentelles. J'ai dans le temps vu fonctionner cet appareil, au haut de la rue du Treuil ; il était mu par un moulin à eau, et l'on en attribuait la découverte à l'abbé Sauzeas. Le tulle se fabrique sur des métiers automoteurs *self acting*, c'est-à-dire au moyen de cames, dont on sait que l'emploi primitif dérive de Vaucanson ; on y a introduit le façonné par l'application de la *lyonnaise*. Grâce à l'initiative de cet ingénieux mécanicien, qui a inauguré les essais et les perfectionnements de cette brillante industrie, on compte à Lyon des fabricants d'un ordre distingué. La maison Baboin a spécialisé sa production, dans les tissus unis, à métiers circulaires, modification d'Heathcoat. MM. Dognin et Cⁱᵉ, produisent du tulle façonné, en anglais *figured bobin lace*, sur des métiers de tulle, à bobines circulaires, et dont la fabrique importante est à la Croix-Rousse.

# XVIII

*Moyen propre à faire la dentelle*

La dentelle, terme relativement moderne, du latin *dens*, dent, en anglais *lace*, lac, figure au nombre des articles étudiés par Vaucanson. C'est un produit qui, en raison de la facilité de son exécution, offre le plus grand nombre de lieux de fabrication, en France et même à l'étranger. Ce tissu, extrêmement délicat, léger et diaphane, aériforme en quelque sorte, présente un style capricieux qui tient à la fois de l'arabe et du gothique. Sous différents noms de fantaisie, il a fait, dans le principe, avec les soieries somptueuses, les damas et les lampas, la fortune de l'Italie, de l'Espagne et d'autres contrées, dont les traditions historiques ne sont point parvenues jusqu'à nous.

L'origine primitive de la dentelle paraît donc extrêmement voilée ; cependant, si l'on examine attentivement les produits grossiers et antiques des Chinois, on rencontre dans de petits articles étroits des fabriques de Sou-tcheou, des espèces de tissus, à texture claire, à fond de gaze, appelés *Tong-ti*, c'est-à-dire fond à jour, qui rappellent nos rubans à picots, à dents de scie, à engrelures et à franges (1), tirés de Saint-Etienne,

(1) Dents de scie, franges à trois boucles de trame, dont celle du milieu plus longue que les deux autres ;

Engrelure, frange formée par un fil de trame, produisant une boucle qui s'échappe de la lisière ;

Frange tirée, ornementation des bords et de l'intérieur du ruban, par effet de trame portée sur un roquetin ;

Picot, petite boucle faite par la trame, en dehors de la lisière du ruban.

dont les similaires, fabriqués au **Puy-en-Velay** et appelés *neige* ou *coquille*, nous offrent des images perfectionnées.

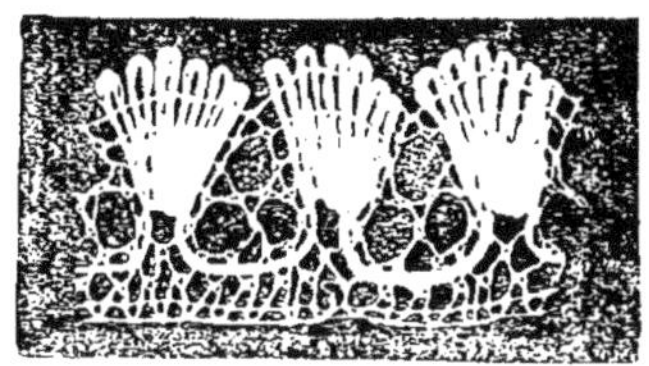

*Fig.* 19. — *Neige ou Coquille.*

La Dentelle, par J. Seguin (J. Rothschild, Paris)

Aujourd'hui, M. C. Rey, de Saint-Etienne, a ajouté à sa fabrication de rubans, celle des guipures mélangées d'or et d'argent, fin et faux, qu'il fait exécuter sur les bords de la Loire, depuis Aurec jusqu'à Retournac. Il a inventé, pour ses dessins, pleins d'originalité, une sorte de cartons photographiés qui procurent, à ses ouvrières, des avantages pour le travail, et à lui, des commissions abondantes de la part des étrangers.

On trouve aussi dans les tissus de Lyon et de Saint-Etienne des articles, appelés *tours anglais* (1) ; il en est de

(1) *Tour anglais,* genre de croisement des fils de chaîne, relatif aux gazes et obtenu par certaines dispositions particulières du passage au peigne et des mailles des lisses. On ne sait pourquoi et, depuis quelle époque, on lui a donné cette dénomination britannique ; car l'article est évidemment d'origine chinoise. On distingue deux sortes de gazes, tour anglais : 1° Celle tour anglais, proprement dit, en chinois, *sha*, c'est-à-dire sable perlé, composé de deux fils de chaîne, dont le premier, dit *fixe*, est droit et sans mouvement, et le second, dit *fil de tour*, qui s'enroule autour du premier ; 2° la gaze damassée, en chinois *Lo*, c'est-à-dire treillage, formée de deux fils dits de *raison*, tantôt fixes, tantôt actifs, et autour desquels tourne ou travaille concurremment un troisième fil dit de *tour*, suivant les besoins du dessin. Voir ma *Description méthodique*, pages 225 à 228.

même de ceux dits, gaze *Marabou* (1), dit *lingeries*, qui ont rivalisé avec la dentelle.

Dans ma *Description méthodique*, à l'article spécial de rubanerie et de passementerie des trois principales contrées sérifères de la Chine, j'ai donné, page 268, n<sup>os</sup> 38, 39 et 40, des spécimens de cette fabrication primitive, dont les échantillons originaux sont au musée de l'industrie de Lyon. J'ai présenté plus haut deux figures d'appareils, propres à cette fabrication, ou à celle spéciale des lacets, et qui ont été indiquées dans le même ouvrage, page 364, r.° 113.

C'est, à ce qu'il paraît, de Venise, au xvi<sup>e</sup> siècle, que nous sont venues les premières données de l'art de la fabrication de la dentelle, et il n'y a rien d'étonnant, puisque cette industrieuse cité avait, en quelque sorte, le monopole du commerce avec l'Orient, par ses rapports, dès les temps les plus reculés, avec les Phéniciens, les Arabes et les Turcs. On ne doit pas oublier, non plus que le Vénitien Marco Polo avait, dans le courant du xiv<sup>e</sup> siècle, visité et étudié la Chine, et en avait rapporté des choses si merveilleuses qu'on l'appelait *Signor Millione*.

Dans un grand ouvrage (2) auquel nous ferons les plus

---

(1) *Marabou*, invention de M. Bancel, fabricant distingué de Saint-Chamond, en 1815. C'est le produit d'un organsin, tordu à 21 tors et retors au centimètre, employé comme chaîne et comme trame. Son nom lui vient de l'oiseau indien, dont il rappelle la vaporeuse légèreté des plumes. Le nom de Bancel doit être mis, dans le Panthéon des illustrations de la fabrique de soieries, à côté de celui de Camille Beauvais, l'ingénieux fabricant de Lyon, qui a su dérober à la Chine le secret du crêpe, à soie écrue, tordue à droite et à gauche et crispée par la cuisson, à côté surtout de celui de Charles Depouilly, le grand manufacturier, qui a fait faire le plus de progrès à tous les articles de nouveautés de fabrique de soieries lyonnaises.

(2) La *dentelle*, histoire, description, fabrication, statistique, bibliographie, ouvrage le plus beau, le plus sérieux qui ait été publié sur cette matière, indispensable à toute bibliothèque importante, répertoire le plus complet de tout ce qui concerne cette charmante industrie, musée portatif le plus instructif, le plus agréable des ornements de la toilette et des caprices de la mode. Il est accompagné de 50 planches photographiques, fac-similés de dentelles de toutes les époques, ainsi que de nombreuses gravures, intercalées dans le texte, des meil-

larges emprunts, la dentelle a été étudiée, avec le plus grand
soin ; l'on part de Venise, comme le premier point connu en
Europe, pour la fabrication des broderies à jour, appelées
*Points*, en patois du Puy, *Pointas*, en espagnol, *Puntas*, termes
génériques pour désigner la dentelle. Ainsi l'on dit : les *points*
de Venise, de France, d'Angleterre, d'Espagne, d'Honiton,
de Paris, de Lille, d'Alençon, etc., pour exprimer les différents modes de travail, relatifs à la fabrication des dentelles,
soit à l'aiguille, soit aux fuseaux.

La première dénomination de broderie à jour, ou de *point à
l'aiguille*, aurait été apportée, dès les xie ou xiie siècles par les
Sarrasins et les Croisés, celle de *passement* aux fuseaux ne
daterait que du milieu du xvie siècle. La tradition la plus ancienne serait une gravure de 1495, représentant une jeune
fille travaillant sur un carreau à tiroir. Mais cette ancienne
origine flamande est contestée, tandis que la légende moderne
de Jacquard subsiste encore. Une autre tradition, plus accep-
table, serait l'inscription funéraire de Barbara Utman, née
Esterlin, en 1514, morte en 1575, fondatrice de l'industrie
dentelière en Saxe, d'après l'almanach de Gotha. Le plus
vénérable recueil de dessins de dentelles à fuseaux est *Le
Pompe*, publié à Venise en 1557. Les plus anciennes fabriques
de soieries établies à Lyon datent de 1466, suivant M. Vital
de Valous, le premier métier, cité pour la passementerie ou
la rubanerie, serait de 1515, d'après M. Philippe Hedde, et de
l'année 1542, date seulement la fabrique des dentelles en
Europe, d'après M. Seguin. M. Natalis Rondot, mon ancien
collègue dans la mission en Chine, de 1843 à 1846, donne à
l'introduction de l'industrie sérigène en France, une date bien
plus ancienne. Dans son Rapport, si remarquable, à la Chambre
de commerce de Lyon, sur l'Exposition universelle de Vienne
(Autriche), en 1873, il cite le livre d'Etienne Boileau, prévôt
des marchands de Paris, de 1258 à 1267, sous Louis IX, qui

leurs maîtres des xve et xvie siècles. L'auteur, M. Joseph Seguin, est
un ancien fabricant de dentelle, du Puy-en-Velay, actuellement com-
missionnaire des mêmes articles à Paris ; l'éditeur est M. J. Rothschild,
13, rue des Saints-Pères (Paris).

mentionne la fabrication des tissus de soie, dans cette ville, vers une époque antérieure à 1260.

Les premières dentelles furent appelées *passements aux fuseaux* et *passements de point coupé*. Les termes de *réseau*, *guipure*, *filet*, *lacis*, et autres sont des expressions particulières, pour désigner certains genres de fabrication.

Le réseau, du latin *retis*, qui a la même signification, rappelle les fils des toiles d'araignées : c'est la base de la dentelle. Le filet, du latin *filum*, est un simple fil, noué au moyen d'une navette et disposé à l'aide d'un moule, pour figurer des mailles égales ; en d'autres termes, c'est un tissu à claire-voie et à mailles nouées. La gance, du latin *ansa*, est une espèce de cordonnet qui sert à arrêter quelque chose dans les vêtements, la frange, de l'italien *frangia*, aide aussi à les border. Le *lacis*, qui a la même dérivation que les termes lac et lacet, peut-être même que celui anglais, de *lace*, qui signifie dentelle, pourrait dériver du latin *laquei* et non de *lacinia*, comme Mac-Culloch semblerait le prétendre : c'est une espèce de réseau brodé, dont on garnissait jadis les lingeries ; la *guipure* qui, en passementerie, s'applique à une sorte de cordonnet . composé, avec un ou plusieurs brins d'un fil quelconque, recouvert d'un autre fil tortillé autour, serait, d'après Bouillet, dérivé de l'anglais *whip*, qui signifie ourlet, surjet, d'où est venu *guiper*, faire du *guipé*, au moyen du *guipoir*, par des femmes appelées *guipeuses*. Ne serait-ce pas plutôt de la dénomination de Guipuzcoa, province des côtes de la Manche espagnole, où, d'après M. Seguin, on fabrique beaucoup de ce genre de dentelles sans fond, et dont la contrée a dû avoir de grandes relations de diverses natures avec le Velay, pays excessivement producteur de guipures. Quant au terme *broderie*, du verbe broder, transposition de *border*, elle est aussi ancienne que l'art de se vêtir ; c'est l'ornementation des tissus unis, au moyen de l'aiguille ou du crochet, qui a fait la réputation de Nancy, et dont la Chine nous a offert tant de merveilleux produits ; et le terme *passement*, radical *passer*, exprime l'opération ou le tissu employé pour broder les vêtements.

L'Italie paraît donc avoir été le berceau du point coupé ; cet art y devint une industrie si florissante, qu'il se répandit dans le reste de l'Europe. Venise, Gênes, Milan, Raguse, Murano nous offrent au début les dentelles les plus estimées et les plus remarquables. L'Espagne, le Portugal, le Puy-en-Velay apparaissent, dès l'aube de cette industrie, qui a, pour point de mire principal, la confection des objets de toilette, surtout des mantilles.

Voici la figure d'une dentelière des environs du Puy-en-Velay, au singulier petit chapeau, en feutre rond, de tradition immémoriale, à la coiffe et fichu moyen-âge, faisant mouvoir ses doigts agiles, au milieu de plusieurs centaines de fuseaux (jusqu'à 1,600) sur un carreau ou coussin, en anglais, *pilow*, c'est-à-dire oreiller, aussi coquet que sa personne. Voir dans un article du *Moniteur des soies*, 10 juillet 1875, tous les détails de cette fabrication, qui comprend les blondes de soie blanche et noire, des dentelles de fil, de coton, de laine ou lama, etc.

*Fig.* 20. — *Dentellière Ponaude.*

La Dentelle, par J. Seguin (J. Rothschild, Paris).

Poursuivons à travers l'Europe la marche triomphale de l'industrie dentellière. L'Angleterre est au premier rang ; sa fabrique d'Honiton, bourg du comté de Devonshire, offre un *point* célèbre qui existe, depuis le XVIIe siècle ; les comtés de Bedford, de Buckingham, de Northampton et d'Oxford, ne présentent que des dentelles ordinaires, d'une ancienneté non douteuse.

La Flandre, la Belgique, la Hollande brillent d'un vif éclat dans le tableau général. Les réseaux délicats de Malines, de Mons, de Louvain, d'Ypres, d'Anvers, que Lille et Valenciennes ont imités ; le point à aiguille que Bruxelles dût aux troubles de notre première révolution ; les imitations du point d'Angleterre exécutées à Binches et à Bruges, les dentelles communes de Grammont donnent lieu à une grande activité, ainsi que celles de la Hollande ; cette dernière pour la spécialité du point d'Alançon.

Toute l'Europe, même les contrées les plus éloignées, participent au même mouvement. La Suisse, Genève profitent de la révocation de l'Edit de Nantes. La fabrication des dentelles aux fuseaux, dans le genre du réseau de Lille se répand, dans tout le canton de Neuchâtel ; Locle, Couvet et Chaudefont en produisent de pareilles. Genève profite de la terreur de 1793 pour s'emparer des articles d'or et d'argent de la fabrique lyonnaise, que cette dernière, avec l'aide du mécanisme Vaucanson, a plus tard la bonne chance de reconquérir.

A la fin du dernier siècle, la Bohême comptait plus de 60,000 individus occupés au travail de la dentelle aux fuseaux, dans le genre de celle de Saxe. C'est le chiffre le plus fort cité dans l'histoire de cette industrie, après celui des environs de Puy-en-Velay, qui actuellement comprend plus de 120,000 individus groupés sur les limites de cinq départements limitrophes. Autour de Berlin on compte aussi plus de 30,000 ouvrières. En Autriche, à Laybach, à Auspach, à Elberfeld, il y avait jadis des fabriques de même genre qui ont disparu. Au Danemark, on exécute des articles façon Malines ; en Suède, des dentelles communes dites *torchons* ; en Russie, des articles d'un cachet tout à fait original, style oriental, imité et même perfectionné à Mirecourt.

La France a été et est encore le grand foyer de l'industrie dentelière, comme elle est aujourd'hui celui de l'industrie sérigène ; c'est pour cela que nous donnons tant de développement à la description de cette fabrication, devenue éminément française. Paris et ses environs, Saint-Denis, Montmorency, Villers-le-Bel, Sarcelles , Ecouen , Saint-Brice , Groslait, Louvres ont fabriqué toutes sortes de dentelles, en tout or et tout argent, fin et faux, en soie noire et de couleur, en lin, à l'aiguille et aux fuseaux. Chantilly est surtout signalé, dit M. Seguin, par des auteurs des xviie et xviiie siècles, pour ses points à fond clair, dit *Lille*, et à fond double, dit *point de Paris*. Ses dentelles de soie noire ou blanche, sont tantôt en fond clair, tantôt en fond double.

Parmi les manufactures royales, fondées par Colbert, en 1665, nous voyons l'établissement de Madrid, dans le bois de Boulogne, Londun, Quesnoy, Arras, Reims, Sedan, Château-Thierry, Alençon, Aurillac, Tulle, Murat, tous institués pour la fabrication du *point de France*, tant à l'aiguille qu'aux fuseaux, ainsi que Dijon, Auxerre, Sens, Mézières, Charleville, Donchery et autres villes, dont les foyers sont aujourd'hui éteints. Un produit remarqué de cette époque, et en *point de Paris*, nous est offert dans le livre de M. Seguin, c'est le portrait de Louis XIV et de Marie-Thérèse d'Autriche, avec deux cœurs enflammés, dont les détails ont une délicatesse de formes et une valeur artistique considérable. Que j'aimerais voir renouveler ce prodige, en faveur du portrait de Vaucanson, qui rappellerait la part que ce grand personnage a pu prendre dans les derniers essais de cette fabrication !

Ce désir paraîtrait devoir être bientôt satisfait. Un des fabricants distingués du Puy-en-Velay, frère d'un bienfaiteur du Musée de cette ville, de M. Théodore Falcon, créateur d'une exposition permanente de dentelles, se propose d'exécuter, en *point d'Alençon* ou *Chantilly et guipure*, le portrait du grand mécanicien grenoblois, en témoignage de son admiration pour cet illustre personnage, bienfaiteur de l'industrie des soies. Puisse ce généreux exemple trouver des imitateurs dans les fabriques de Saint-Etienne et de Lyon !

Si cela était, j'exprimerais le nouveau désir que ce portrait fut, à la fois, digne de celui dont il serait l'objet, et de la juste renommée de ces deux dernières villes, foyers principaux de notre grande industrie sérigène ; je voudrais qu'il fut en soie brochée, en nuances graduées et fondues, de manière à imiter la peinture, et qu'il fut obtenu, tant par les dispositions les plus habiles de l'artiste, du fabricant et du tisseur, que par les ressources les mieux calculées de la *mécanique lyonnaise*, comme hommage au génie de Vaucanson.

Les fabriques de Sedan, d'Alençon et de Mirecourt existaient antérieurement au xvii° siècle : elles produisaient des articles très-estimés et passaient pour les plus considérables de France ; celles de Saint-Mihiel, en articles communs ont disparu. Le Havre, Saint-Aignan, Dieppe, Eu, Saint-Valéry-en-Caux, Fecamp, Bolbec, Harfleur et autres villes du littoral de l'Océan ont probablement fabriqué des dentelles ; aujourd'hui, le mouvement s'est porté à Bailleul (Nord) qui fait des Valenciennes communes ; à Bayeux, des points de Lille ; à Caen, des dentelles noires, des blondes et tous genres à fuseaux, autres que la Valenciennes ; ses carreaux mobiles, ou petits métiers que les ouvrières portent sur les genoux, ont à peu près la même forme, mais ils sont plus délicats que ceux du Velay.

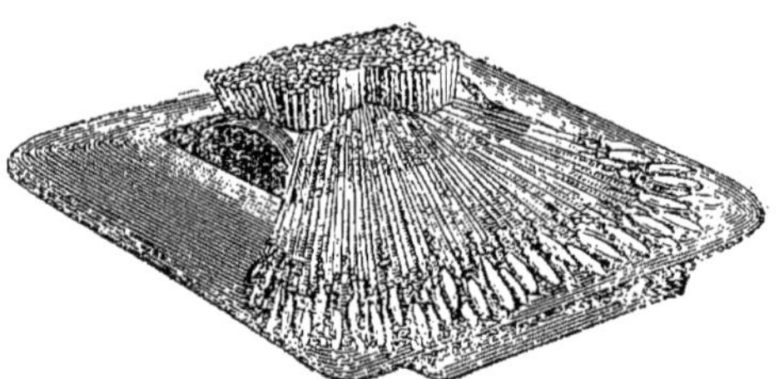

*Fig.* 21. — *Carreau de Normandie.*
La Dentelle, par J. Seguin (J. Rothschild, Paris).

Avant la fin du dernier siècle, Saint-Etienne possédait aussi une fabrique de dentelles assez estimée pour manchettes d'hommes et coiffures de femmes. Celle de Lyon, en articles d'or et d'argent, fut considérablement atteinte par l'Edit de Nantes, et entièrement ruinée, à la suite du siége de cette

ville, en 1793. La persévérance de ses fabricants, l'intelligence
des ouvriers, la réunion de tous les agents manufacturiers en
ont permis une restauration assez satisfaisante. De plus,
grâce au mécanisme Vaucanson, on imite assez bien toutes
espèces de dentelles sur des métiers mécaniques, système
*Livers,* dont MM. Sival frères ont une usine aux Brotteaux.
Perpignan, Pont-de-Beauvoisin , Sassenages , fabriquaient
aussi jadis de là dentelle, ainsi que beaucoup d'autres localités
françaises, mais ces fabrications se sont éteintes successivement et ont fait place à d'autres industries plus lucratives.

Le vocabulaire de la dentelle est extrêmement varié. Dans
le Velay, on fait usage des termes de *Trenne* ou *Treille,* en
italien *Trina,* de *Fond-chant* ou *Fond-double,* pour désigner
le *point de Paris.* L'entoilage qui y est en usage est un genre
de réseau, commun aux fabriques de la Suède, principalement
de la Dalécarlie. La *gueuse* est une dentelle étroite des fabriques ibériennes et velaysiennes. Le réseau, à *point de Lille,*
y prend le nom de *filoche,* celui à *cinq trous* ou *Chantilly,*
qu'on appelle *mariage,* dans la fabrique du Puy, est une
reproduction par le fuseau de l'ancien *point malin,* ou *point
du diable.* Parmi les termes les plus populaires, sont les
*bisettes,* les *campanes* (peut-être originaires de la Campanie,
surnommée le *jardin de l'Italie*), les *mignonettes,* charmantes
dentelles étroites, la *mie* (amie), le *pater,* l'*ave,* les *chapelets,*
souvenirs des béates et des assemblées locales, les *anglaises,*
la *scie,* l'*échelle,* le *pou,* cette dernière la plus étroite, la plus
simple et à picot uni.

Les contrées étrangères, même les plus éloignées, se sont
fait remarquer, par leurs dispositions à participer à la fabrication de la dentelle. Dès les premiers temps du xviiᵉ siècle, on
estimait à plus de 10,000 le nombre des familles de l'Ile-de-
France (Maurice), dans lesquelles les femmes et les enfants
des deux sexes étaient occupés aux passements, tant de
points coupés que d'autres. On cite également l'introduction
de la même industrie, dans les colonies espagnoles de l'Amé-
rique du Sud, notamment à Cusco , province de Lima.
L'Orient est dans le même cas. A Malte et dans plusieurs îles
de la Méditerranée et de l'Océan, on fabrique des guipures,
d'après d'anciens modèles ; à Madère, aux Canaries, des den-

telles ordinaires, semblables à celles des fabriques ibériennes. Un de mes compatriotes, M. Mazaudier, employé au consulat de Yokohama, au Japon, m'a assuré avoir visité, près de Pointe-de-Galles, à Ceylan, des réunions de femmes indigènes, semblables à nos assemblées de béates, se livrant à la confection des guipures, sur les mêmes modèles et avec des carreaux ou coussins, avec cartons piqués et munis d'épingles, dans le genre de ceux du Puy-en-Velay.

*Fig. 22. — Carreau du Puy-en-Velay.*
La Dentelle, par J. Seguin (J. Rothschild, Paris).

Ce voyageur en a rapporté des dessins différents qui sont déposés au Musée de cette ville, il estime à plus de 6,000 le nombre des ouvrières disséminées, autour de Pointe-de-Galles. Il pense qu'il doit exister d'autres foyers de la même fabrication, sur d'autres localités de Ceylan. Cependant ayant séjourné moi-même à Trincomali, en 1844, sur la côte orientale de la même île, je n'y ai pas aperçu de traces de cette fabrication, pas plus que dans l'Archipel indien et dans l'Indo-Chine.

## XIX

*Machine à moirer les étoffes d'or et d'argent*

Le lustrage des taffetas de soie semble être une simple tendance à la moire ; on l'obtient, tant par le polissoir, que par un apprêt de substance liquide qui, en séchant, donne de l'éclat et de la consistance à l'étoffe. Ce perfectionnement primitif encore usité de nos jours, est attribué à Lyon, à un fabricant appelé *Octavio Mey*, mort en 1690. La moire aussi bien que le lustrage paraît dériver des Chinois ; on peut s'en convaincre par l'examen des planches mentionnées dans ma *Description méthodique*, n^os 96 et 97, page 363, dessin de Sun-Kwa et n^os 101 et 102, pages 369 et 370, dessins de Ting-Kwa. En voici un exemple, où le lustrage, le calendrage, la moire et le pliage sont à la fois indiqués.

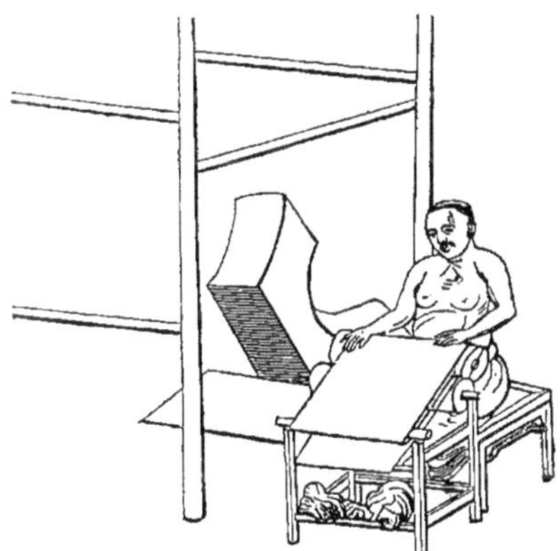

*Fig. 23. — Calendrage des Chinois.*

« L'art de la moire, dit Vaucanson, dans les *Mémoires de l'Académie des sciences* pour 1769, pages 109 et 5, consiste à former des ondes sur une des surfaces de l'étoffe. Il n'y a que les étoffes qui ont un grain saillant, comme les gros taffetas, les gros de Tours et les gros de Naples, qui puissent être moirées. Le grain est cette éminence faite par la grosseur du fil de trame ; l'étoffe est à petit grain, lorsque le fil de trame est mince ; elle est à plus gros grain, lorsque ce fil a plus de grosseur. »

Les moires d'Angleterre ont été longtemps supérieures en beauté et en qualité, à toutes celles qu'on faisait en France. Le ministre trouva le moyen de faire venir à Paris, en 1740, une machine de Londres. Quelques années après, la ville de Lyon fit venir un habile moireur, qui obtint d'aussi belles moires que les plus beaux produits anglais.

Il y a deux sortes de moires : la moire antique ou moire anglaise, importée en France, en 1754, par John Badger et la moire ronde ou moire Vaucanson. Cette dernière diffère de la première, moins à cause du pliage de l'étoffe et de la beauté du dessin, simple effet de mode, de goût et d'appréciation, qu'à cause de la régularité des produits, figurant des dessins, à formes arrondies, tout le long de l'étoffe. Voici, d'après Bezon, *Dictionnaire général des tissus*, tome I$^{er}$, page 32, la disposition de l'appareil Vaucanson.

« La calandre est établie en forme de laminoir, muni de deux cylindres métalliques de première force. La pression mutuelle des cylindres s'effectue au moyen de leviers de différents genres ; la disposition de ces leviers permet d'atteindre une pression qui équivaut aux charges de la caisse de l'ancien système. Le pliage de l'étoffe, pour la moire Vaucanson, diffère aussi du procédé ancien, en ce que l'étoffe est pliée, dans toute sa largeur, tête sur tête, c'est-à-dire que la moitié de la pièce est repliée et doublée sur l'autre. C'est ainsi qu'on la place sur le cylindre inférieur. Une fois la machine mise en mouvement, il ne faut qu'appuyer sur une détente, pour que les cylindres marchent à retour et, de cette manière, s'exécute le mouvement de va et vient. »

Aujourd'hui pour la moire ronde ou moire de Vaucanson, la seule différence qui existe, c'est qu'au lieu d'être placée sur le cylindre inférieur, l'étoffe passe à double, entre les deux cylindres, et la moire se produit, sur le côté qui est en contact avec l'autre étoffe.

Cette branche intéressante de l'industrie lyonnaise avait particulièrement fixé l'attention de Vaucanson, et il n'avait pas seulement étudié le moirage des étoffes de soie en général, mais aussi l'art qui s'applique à l'écrasement et au polissage des tissus d'or et d'argent, industrie spéciale, jadis et encore aujourd'hui très-florissante à Lyon.

# XX

*Machine propre à laminer les étoffes d'or et d'argent*
1751-1753-1754-1757

Les fabricants de Lyon, jaloux de la supériorité des Vénitiens pour la fabrication des damasquètes (damas, lampas et autres articles pour meubles), et même envieux de celle des Hollandais pour l'excellence de leurs satins forts, ainsi que des articles de dorures, dont on avait jusqu'alors ignoré les secrets d'écrasement et de polissage, demandèrent, en 1751, au gouvernement français, des renseignements et des moyens propres à leur permettre d'établir une concurrence. Le ministre du commerce s'adressa à Vaucanson qui, ayant puisé aux bonnes sources, apprit que ces tissus, après leur fabrication, étaient passés entre deux cylindres lesquels en écrasaient et en polissaient la dorure et leur donnaient ce brillant si recherché.

Fort de ces indications, Vaucanson fit l'essai d'une machine composée de deux cylindres, l'un de cuivre, l'autre de bois qu'il faisait passer, l'un sur l'autre, par le moyen d'une forte vis appuyée sur un mouton, lequel portait les paliers du premier cylindre. On trouve tous les détails de cet essai, fait en 1753, dans les *Mélanges historiques* de Gonon, déjà cités.

Cette machine n'ayant pu réussir, au gré des désirs et des espérances de Vaucanson, celui-ci y ajouta un perfectionnement qui consistait à donner aux deux cylindres une pression uniforme et constante. Le nouvel appareil fut envoyé à Lyon, en 1754, où il eut un plein succès. Les détails de cette machine ingénieuse sont insérés dans les *Mémoire de l'Académie des sciences*, année 1757, pages 161 et suivantes. Il est regrettable que les historiographes lyonnais soient muets à cet égard, comme à celui des autres essais de Vaucanson. Ainsi, comme on le voit, ces travaux avaient lieu, près de dix ans, après l'application du métier automoteur et de l'appareil propre à accélérer le travail du façonné, et Vaucanson, bien loin de chercher à se venger, par des moyens ridicules, de mauvais procédés et de complaintes encore plus ridicules, comme l'ont prétendu certains historiens mal renseignés, cherchait toutes les occasions d'être utile à la fabrique lyonnaise.


# XXI

*Métier propre à la fabrication des ouvrages de tapisserie,* 1758


Cet appareil est en quelque sorte le seul, où Vaucanson se soit occupé de la manipulation de la laine, et encore ne l'a-t-il fait, qu'en vue de l'amélioration de la fabrication des tapisseries, à la manufacture des Gobelins.

Il y a deux sortes de tapisseries, la haute lisse et la basse lisse. La première est celle où, la chaîne étant verticale, les lisses se trouvent placées en haut, au-dessus de l'ouvrier, comme cela existe aux Gobelins. La deuxième est celle où, la chaîne étant horizontale, les lisses se trouvent en bas, devant l'ouvrier, comme cela a lieu dans le tissage ordinaire.

Il paraîtrait que la tapisserie à la haute lisse aurait été connue, depuis Homère, puisque ce poète signale l'existence du métier à chaîne verticale. Château-Favier, inspecteur des manu'actures, en 1785, l'un des successeurs de Vaucanson, fait remonter les premiers essais de tapisserie, en France, à l'introduction du point *sarrasinois*, c'est-à-dire des tapis ras, vers l'an 730, époque où des ouvriers arabes ou sarrazins seraient venus s'installer à Aubussson et à Felletin. Le *Dic-*

*tionnaire des arts et manufactures*, de M. C. Laboulaye signale
des traces de cette fabrication, sur les anciens monuments de
l'Egypte, il n'en ferait remonter l'introduction en France qu'au
temps des croisades. Toutefois, le travail régulier de la tapisserie, et surtout celui de la haute lisse, n'a eu lieu qu'à l'époque de l'établissement définitif des Gobelins, sous le ministère
Colbert, en 1662.

A propos des Gobelins, dont la création, comme établissement tinctorial, remonte au xive siècle, notons que le premier
essai de leur transformation en manufacture propre au tissage
date de 1605, époque où, sur la proposition du dauphinois
Laffemas (1), Henri IV fonda, place Royale, à Paris, sous
le nom de *bâtiment des manufactures*, une fabrique d'étoffes
de soie et de brocard, c'est-à-dire de tissus unis et façonnés.
Cet économiste et industriel peu connu, un des précurseurs
de Vaucanson et d'Olivier de Serres, doit être considéré
comme le propagateur primitif des industries séricoles et
sérigènes. Il est auteur de plusieurs ouvrages, dont le but
était d'indiquer, dit le *Dictionnaire récent de biographie et
d'histoire*, par Desobry et Bachelet, « les sources de prospérité de la France, les abus du gouvernement, les moyens
d'améliorer l'agriculture et le commerce. »

(1) Barthélemy de Laffemas, né, à Beausemblant (Drôme), en 1545,
valet de chambre du roi, mort à Paris, en 1623, a publié : 1° En 1602,
*Remontrances sur l'abus des charlatans, pipeurs et enchanteurs* ; thème
reproduit par Vaucanson, à plusieurs reprises, et s'appliquant parfaitement à Jacquard, ce qui prouve que rien n'est nouveau, sous le
soleil. 2° En 1603, *Preuves du plant et du profit des meuriers* (mûriers),
Le journal *Le Dauphiné*, du 21 novembre 1875, donne ainsi le titre
explicatif de cet ouvrage remarquable, daté de 1604, « Du *Naturel
et profict admirable du meurier qui, en l'ouvrage de son bois, feuil-
lages et racines, surpasse toutes sortes d'arbres, que les Français n'ont
encore su connaître, avec la perfection de les semer, et élever, ce qui
manque aux mémoires de ceux qui ont écrit.* » 3° En 1606, « *Essais
et esemples de la feue royne mère (Jeanne d'Albret), comme elle faisait
travailler aux manufactures..... avec la preuve certaine de faire les
soies en ce royaume,* » pièce insérée dans les *Archives curieuses de
l'histoire de France*, 1re série, tome IX, histoire du commerce de
France. Honneur à la reine de France, qui à l'imitation de l'antique
souveraine du Céleste-Empire, dote ses Etats des bienfaits de l'industrie de la soie !

Poursuivons la description et la fabrication spéciale des Gobelins.

« Le tissage de la tapisserie à basse lisse, c'est-à-dire à chaîne horizontale , dit M. Alcan , s'exécute rapidement, mais il est moins parfait puisque le dessin ne peut se produire qu'à l'envers, et que l'ouvrier ne peut examiner et suivre son travail que difficilement. Cet inconvénient fut signalé par les directeurs des Gobelins à Vaucanson. Ce dernier chercha à y remédier par l'établissement d'un métier mixte, pouvant prendre à volonté la position verticale, horizontale et plus ou moins inclinée. On commençait par tendre la chaîne et par y tracer le sujet à y exécuter, comme sur les métiers à haute lisse. Pour travailler, on faisait basculer le métier, dans les montants, de manière à lui donner la forme du métier à basse lisse. Puis, enfin, lorsqu'on voulait examiner le travail, on redressait le métier dans une position verticale. »

Cette machine participait, comme on le voit, aux deux systèmes : Vaucanson avait cherché à y combiner les avantages des deux méthodes. Depuis lui, on a eu l'idée d'appliquer son mécanisme pour broder la tapisserie. Ce genre de métier mixte existe encore à la manufacture des Gobelins, mais il est peu en usage. On en trouve le plan et la description détaillée, dans un rapport que Vaucanson avait adressé à l'Académie des sciences et qui a été inséré dans les Mémoires de cette compagnie, pour l'année 1758, pages 96 et 245.

# XXII

*Inventions diverses,* 1738 à 1780

Les autres inventions de Vaucanson sont, à part quelques-unes, moins du domaine industriel et spéculatif, que de celui spécial de la mécanique, embrassant les sciences physiques, avec la branche particulière des bagatelles difficiles. Tous les véritables artistes de génie et de talent ne se révèlent-ils pas, dans les moindres actes de leur vie ?

Telles sont :

1° L'automate joueur de flûte qui, en 1738, valut à l'auteur l'entrée à l'Académie des sciences ;

2° Les canards barbotant, mangeant et digérant, imitation du paon de de Gennes, dont il a été question. C'est un des principaux griefs de la complainte des canuts, révoltés en 1744, voir les *Mélanges* de Gonon ;

3° Le joueur de galoubet et de tambourin, fait en 1740, époque où Vaucanson fut nommé inspecteur des manufactures de soie par le cardinal Fleury ;

4° L'aspic, exécuté en 1750, pour la tragédie de Marmontel, intitulée *Cléopâtre*. Pour le détail de ces curiosités, il faut consulter l'article *Vaucanson*, dans la nouvelle *Biographie générale* du docteur Hœfer, ainsi que les *Confidences d'un prestidigitateur*, par Robert Houdin ;

5° Levier, bascule ou grue, qui s'emploie sur les ports, pour le transport des marchandises, *Mémoires de l'Académie des sciences*, année 1763 ;

6° Chaîne sans fin, imitation du moulin à soie chinois, voir figure 9 , et noria à godets, en usage pour extraire l'eau des puits ;

7° Scies verticales employées dans les forêts de la Haute-Loire, pour faire les planches et les plateaux; elles portent encore le nom de Vaucanson ;

8° Essai d'automate animé, avec circulation de sang dans les veines. Voltaire, dans son *Discours sur la nature de l'homme*, a fait allusion à cette dernière composition :

> Le hardi Vaucanson, rival de Prométhée,
> Semblait, de la nature imitant les ressorts,
> Prendre le feu des cieux pour animer les corps

# XXIII

*Causes d'impopularité à Lyon*

Lyon, ville qui a le plus profité des inventions de Vaucanson, est peut-être la seule, où le nom de ce célèbre mécanicien ne soit pas unanimement populaire. En voici les raisons :

1° Le souvenir des scènes déplorables que l'autorité locale fut impuissante à réprimer, et que, dans le temps, l'État punit avec une extrême sévérité. Le détail en a été raconté, avec une naïve candeur, dans les *Mélanges historiques* de Gonon, qui a rapporté la ridicule complainte chantée alors, par la populace ;

2° Un faux amour-propre de vanité locale qui préfère un sujet du pays, quelque méprisable qu'il soit, à tout être étranger, de quelque supériorité qu'il soit, un entêtement opiniâtre qui empêche d'avouer les fautes commises, par entraînement, la crédulité enfantine dont on a fait preuve et les spéculations et les mystifications dont on n'a pas le courage de s'avouer la dupe.

Cependant, à plusieurs reprises, la fabrique lyonnaise a été mise sur la voie de la vérité et plus particulièrement dans les circonstances suivantes :

1° En 1805, par le rapport de M. Mollard à la Société d'encouragement, qui, tout en témoignant sa bienveillance, envers les personnes qui paraissaient se livrer à des tentatives, dans l'intérêt de l'industrie, ne manifestait pas moins son hésitation, à l'égard de Jacquard, en même temps que son admiration pour Vaucanson.

2° En 1813, par les demandes des ouvriers et fabricants de Lyon, ainsi que du Conseil municipal, pour la suppression de la pension accordée, en 1806, à Jacquard, attendu qu'il n'avait rien produit.

3° En 1820, par les Mémoires de P.-M. Gonon, 1847. (*Coll. Coste, Cab.* 109, *n*° 8719, *Biblioth. pub. de Lyon*.).

4° En 1835-1836, par la notice de L.-F. Grognier, secrétaire de la Société royale d'agriculture, sciences naturelles et arts utiles de Lyon, où l'existence nomade de Jacquard est assez impartialement décrite, quoique celui-ci y soit considéré comme un véritable inventeur et un homme providentiel.

5° En 1851, par l'étude du général Piobert, sur l'*Origine du métier Jacquard*.

6° En 1852, par la notice de M. Ph. Hedde, intitulée : *Parallèles entre Vaucanson, Paulet et Jacquard*.

7° En 1862 , par l'exposition des modèles de métiers à tisser, exécutés par M. Marin aîné, pour les Conservatoires de Paris, de Lyon, de Saint-Étienne, etc., où l'auteur a fait toucher au doigt l'histoire du tissage. Dans son *Catalogue* , il décrit les objets suivants : 1. Métier égyptien, le plus ancien des ustensiles connus, pour l'art du tissage. Un métier semblable existe, encore actuellement , chez les Yolofs, habitants du Sénégal, qui se livrent à l'industrie textile. Le musée du Puy-en-Velay possède une charmante aquarelle de M. Nouveaux, représentant une scène de cette manutention primitive. Voir ma *Description méthodique*, page 11. — 2. L'ustensile de famille, chinois et japonais, à chaîne tendue par la force des reins, à demi-lisse seulement, à battant supporté par deux arcs de bambou flexible. Voir figures 17 et 24. — 3. Le métier de Jean-le-Calabrais , à Tours , en 1466, monté à pointe et à retour, cinq fils au maillon, cinq fils en dent, en satin cinq lisses de levée et cinq lisses de rabat. Le tisseur travaille seul, en accrochant successivement des boutons qui soulèvent les maillons, et cinq coups de trame sur un lac, forment un cours. — 4. La grande tire par Dagon, en 1620, imitation chinoise, voir figure 10. — 5. Le premier essai de métier automoteur, par de Gennes, en 1677, voir figure 5.— 6. Le métier à bouton, ou *petite-tire*, par Galantier et Blache, en 1687. — 7. Machine pour faciliter le tireur de lacs, par Garon, en 1720. — 8. Métier pour petit façonné, avec lanterne, aiguilles et papiers troués, sans fin, par Basile Bouchon, en 1725. — 9. Métier du même auteur, pour grand façonné, avec griffe et crochets, par Falcon, en 1728. — 10. Métier automoteur, avec lanterne ronde ou carrée, aiguilles, crochets, griffes et cartons troués, par Vaucanson, en 1744, voir figure 12. — 11. Métier à armures, dit à *accrochages*, avec mécanique à huit rangs et huit marches, par Ponçon, en 1766. — 12. Métier à petit façonné, dit *ligature*, avec mécanique à seize rangs et seize marches, par Verzier, en 1798. — 13. Métier, dit à la *Jacquard*, imitation du n° 10 précédent, par Bonhomme et Futinet, exposé en 1804, sous le nom de *Jacquard*, voir figure 14. — 14. Métier, dit à la *Jacquard*, application de la lanterne carrée et des cartons à la mécanique Vaucanson, par Breton, en 1806 , emploi de la boîte à aiguilles, des élastiques, de la presse coudée, par ledit Breton, en 1813. Ce métier, confectionné par Breton, a été confondu avec le n° 13 précédent, par tous les écrivains qui jusqu'ici ont traité la question.

8° Enfin, par toutes mes communications successives, aux Sociétés et gazettes littéraires et scientifiques de Lyon, ainsi que par ma dernière publication, intitulée : *Essai sur l'origine de la fabrique lyonnaise*, en collaboration avec M. Marin aîné, et qui n'a rencontré aucun contradicteur sérieux.

# XXIV

*Avis et conseils*

Toute l'existence de Vaucanson a été consacrée à la création et à la propagation d'objets utiles à l'humanité, en général, et à l'industrie de la soie, en particulier. C'est la ville de Lyon qui a retiré les plus grands profits des découvertes de cet illustre et véritable travailleur : aussi, lui doit-elle le développement de sa fabrique. Le nom de Vaucanson ne doit donc pas seulement être célébré à Grenoble, sa ville natale, ni à Lyon qui lui doit une grande partie de sa prospérité ; mais il doit être accepté, compté et proclamé partout, comme celui d'un des plus grands bienfaiteurs de l'humanité.

N'est-il pas extraordinaire de n'apercevoir encore, à Lyon, parmi tant de célébrités locales, aucun portrait, ni d'Olivier de Serres 1530-1619, ni de Laffemas 1545-1623, ces deux illustres propagateurs des industries séricole et sérigène, ni de Vaucanson, lui qui a tant fait pour cette ville ? Il serait à désirer qu'une personne de fortune, qu'un savant, ami des sciences, des arts, du commerce et des manufactures, eût l'idée d'offrir à l'Académie des sciences, une somme assez considérable, pour fonder un prix destiné à récompenser le meilleur traité historique raisonné des inventions et des découvertes de Vaucanson, en l'accompagnant des modèles de ses métiers et de ses divers appareils mécaniques, ainsi que des plans et dessins de son portefeuille, déposé au Conservatoire. Cet ouvrage devrait renfermer les rapports, faits par lui ou par d'autres personnes, soit dans les *Mémoires de l'Académie royale des sciences,* soit dans d'autres publications.

L'éloge de Vaucanson, prononcé devant l'Académie royale des sciences, par le marquis de Condorcet, et inséré dans les Mémoires de cette corporation, volume de 1782, page 156, ne suffit pas. C'est certainement une œuvre d'une grande valeur d'élégance et de mérite littéraires, mais la mémoire de Vaucanson exige d'être célébrée par une personne spéciale aux arts et manufactures, et qui puisse donner la valeur réelle de chacune des créations du grand mécanicien. Un fait, entre tous, démontre l'utilité de la publication des originaux de ce portefeuille ; c'est la connaissance des engrenages différentiels qui s'y trouvaient décrits, et qui avaient été antérieurement appliqués par Hook, quoique depuis, sans application connue jusque-là en France. M. Pecker les a introduits avec succès, dans plusieurs transmissions mécaniques. Mais, qui sait combien d'autres emprunts ont pu être faits clandestinement, par d'autres personnes plus ou moins capables, et dont les résultats ont été plus ou moins heureux ! Cet hommage serait encore plus utile et plus durable que celui d'un bronze ou d'un marbre.

Quelle magnifique occasion pour la Chambre de commerce de Lyon, si puissante, si empressée à encourager les sciences et les arts, que de provoquer une semblable mesure, éclatante réparation, pour la fabrique lyonnaise, de son injuste oubli envers Vaucanson ! Ce serait à la fois le plus bel éloge et de cette riche cité, pour laquelle ce prince des mécaniciens a tant travaillé, et de l'illustre compagnie des sciences dont il fut, dès son entrée, un des plus beaux ornements, et du Conservatoire des arts et métiers de Paris dont, chose notable, il fut le créateur, ainsi que de toutes les industries nationales auxquelles il a consacré la durée de sa vie laborieuse.

Après une vie modeste, pleine de travaux si considérables, dont l'utilité se fait sentir chaque jour, Vaucanson est mort, en 1782, à Paris, dans son hôtel de la rue de Charonne, n° 12, à l'âge de soixante et treize ans, laissant par testament à la reine Marie-Antoinette, son cabinet renfermant des collections et modèles de machines très-remarquables. La reine voulût en gratifier l'Académie des sciences, mais les intendants du commerce, imbus peut-être des nouvelles idées qui ont tant divisé les esprits, lui adressèrent de nombreuses réclamations, et, par suite des conflits, cette riche collection fut dispersée et a été perdue pour la France.

Ce fait s'est fréquemment renouvelé. J'en suis moi-même témoin et victime. Après avoir été délégué du ministère de l'agriculture et du commerce, pour l'étude de la soie en Chine, et m'être introduit, au sein des fabriques de cette contrée, exposé souvent aux plus grands périls, j'avais rapporté de mes excursions une grande variété de tissus, de dessins, de métiers utiles à l'industrie de la soie, collection que j'avais successivement exposée à Paris, à Tours, à Lyon, à Saint-Etienne, à Nîmes, etc., et qui était d'autant plus précieuse, que c'était la preuve matérielle de mes enseignements répétés savoir : que la Chine a été le berceau de la fabrique de soieries ; que l'ouvrier en soie de la Chine a toujours été et doit être considéré comme notre modèle et notre maître. Malgré tous mes efforts et la cession forcée que j'avais faite à l'Etat de la majeure partie des objets, cette curieuse, utile et spéciale collection de produits a été disséminée et perdue, pour la fabrique française.

A l'appui de ce que je signale, j'ai cru devoir faire insérer quelques dessins réduits de cette collection ; ils démontrent les singuliers rapports qui existent entre les anciens appareils chinois et nos plus modernes machines, même celles inventées, perfectionnées ou modifiées par Vaucanson. Voulant aussi témoigner la part que j'avais prise, dans le temps, pour être renseigné sur la valeur de ces mécanismes, j'ai fait insérer, comme pièce justificative, un objet qui, comme souvenir, à différents points de vue, d'exploration assez périlleuse, et, comme œuvre d'art, en même temps, a une certaine valeur. C'est le fac-simile d'un tissu en soie, exécuté à Saint-Etienne et représentant, pendant une excursion dans l'intérieur de la Chine, ma visite, en 1845, aux ateliers de Sou-tcheou, de la province de Kiang-Sou, ville manufacturière, commerciale et industrielle la plus importante de la sériférie chinoise. Cette excursion, décrite en décembre 1844, dans le *Chinese Repository*, t. xiv, page 584, a été, sans contredit le point de départ des connaissances acquises, sur la valeur des productions du Céleste-Empire et du développement inoui du commerce de la soie orientale avec l'Europe.

Ce dessin, d'après une aquarelle de M. Nouveaux, peintre du ministère de la marine et des colonies, représente, sur le premier plan, à droite, un petit métier à banc, dit *Tsang-ki*, employé à la fabrication de certains rubans ; à gauche, est le singulier appareil à ceinture, appelé *Yao-ki*, métier commun à la Chine et au Japon, véritable ustensile de ménage, que l'on rencontre dans l'intérieur de toutes les familles ; on en a fait faire des modèles, pour la plupart de nos Conservatoires, mais il n'a pas encore été introduit dans nos campagnes. Il paraîtrait que l'on n'en a pas compris l'utilité chez nous, on assure cependant qu'il a la propriété de produire le foulard, à pas ouvert, et de lui donner ce grain et ce moelleux que nous cherchons vainement par d'autres moyens. Au fond, est le curieux appareil, appelé *Ké-ssé-ki*, ou métier à soie gravée, usité pour la fabrication de certaine étoffe espoulinée (1), non crochetée, comme les châles de l'Inde, en soie, laine, coton, etc, spéciale à la Chine, où le tissage, la broderie et la peinture sont mariés avec art ; mon collègue de la mission de Chine, M. Natalis Rondot, auquel on doit d'importants ouvrages sur les matières textiles, principalement sur la soie, en a fait une description très-intéressante.

Ce métier, expliqué dans ma *Description méthodique*, page 207, a quelque analogie avec ceux des Gobelins. Il n'est pas probable que Vaucanson en ait eu connaissance, car son esprit ingénieux aurait certainement tiré parti du singulier battant, à double peigne, à dents de bambou principalement,

---

(1) *Espouliné*, d'espoulin, espolette, espolet, espolin, vieux termes de fabrique tirés de l'italien *spolo*, *spinola*, de l'ancien haut allemand *spinolo*, navette, *Littré*, d'où l'on a fait espouliner, espoulinage et espoulineur. L'espolin est une petite navette, employée pour les tissus brochés, en différentes couleurs ; il est principalement usité dans la fabrication des grandes œuvres des Gobelins, avec lesquels les tableaux, appelés *Ké-ssé*, ont certaine analogie.

qui sert, non-seulement à faire le pas ou l'ouverture de la chaîne pour le passage des duites (1), en trame de fond et espolin de façonné ou dessin, tracé à l'encre de chine sur la chaîne, mais à battre le tissu, au fur et à mesure de la fabrication. Un magnifique spécimen de ce genre, en simple taffetas mince comme du papier, représentant une scène de la mythologie chinoise, est exposé au Musée de l'industrie, à Saint-Etienne.

Enfin, cette miniature offre divers objets industriels, emblématiques et symboliques, des caractères chinois descriptifs, ayant rapport aux diverses manutentions de la soie, qui ont été traduits et expliqués dans ma *Description méthodique*, page 81, n° 389 et page 256, n° 777.

Je dois la composition de ce texte à l'obligeante intervention de M. Stanislas Julien, de l'Institut de France, professeur de chinois à la Sorbonne qui, dans le cours de mes études sur la séritechnie de la Chine, avait bien voulu m'entourer de ses affectueux conseils et de sa longue expérience. C'est grâce à lui, que j'ai pu arriver à la connaissance des primitifs détails de la culture des mûriers, dont il avait été le premier à vulgariser les travaux, d'après les plus anciens ouvrages de bibliographie humaine *(Résumé des principaux traités, 1834)*. Je lui dois, surtout l'explication des termes techniques du travail et des appareils chinois, employés spécialement pour la manutention de la soie, que j'ai insérés dans ma *Description méthodique* et qui, avec l'ouvrage intitulé : *Industries anciennes et modernes* de l'empire chinois, publié par lui, en 1869, pourront faire l'objet d'un dictionnaire comparatif des termes techniques de l'industrie générale de cette contrée.

Doué de la mémoire la plus prodigieuse, M. Stanislas Julien ne connaissait pas seulement, par cœur, les 70,000 caractères environ, dont fait partie le dictionnaire qu'il avait fait composer lui-même dans le Ssé-tchwen, et qui sert actuellement à l'Imprimerie nationale, mais il était parvenu, à l'aide du mandchou, du sanscrit, du tibétain, du bouddique et des autres lan-

_______

(1) *Duite*, du latin *ducere*, conduire, et du vieux roman *duire*, explique clairement le jet de la navette, le coup de la trame, conduit, en latin *ductus*, ou lancé par la main exercée du tisseur.

Fig. 24. — *Intérieur d'une fabrique chinoise.*

gues orientales, à la connaissance si parfaite du chinois, que les lettrés du Céleste-Empire le reconnaissaient pour leur maître, par excellence, ce qui avait valu à la France la gratitude, le respect, la considération de la Chine lettrée entière, sentiments, hélas altérés, avec juste raison, depuis la guerre si injuste, faite à cet excellent peuple, et surtout, depuis le sac si épouvantable du *Palais-d'Eté*.

Ce grand sinologue, fils d'un célèbre mécanicien, Noël Julien, contemporain et émule de Vaucanson, est mort, à Paris, en 1873, à l'âge de 74 ans. Il aura laissé d'utiles jalons, non-seulement pour la connaissance de tous les arts industriels, mais pour la connaissance exacte, mathémathique, de cette langue si originale, fondée sur la nature même des choses, langue jusqu'ici si voilée, malgré les travaux accumulés, depuis la célèbre mission des jésuites, sous Louis XIV, de cette langue écrite, universelle parmi la moitié des lettrés répandus sur la terre, et qui pourra servir un jour de modèle à celle complète de la littérature humaine, si l'on sait profiter des leçons du grand maître, si l'on comprend enfin, que toutes les langues parlées ne sont que des jargons, ou des dialectes, plus ou moins artificiels, et que, pour entrer dans la bonne voie, il faut, abandonner la routine étroite de l'exclusivisme et de l'ostracisme littéraires.

La vie scientifique de cet illustre personnage a été dignement décrite, par M. Wallon, son confrère à l'Institut, actuellement ministre de l'instruction publique; elle a été insérée au *Moniteur officiel*, en novembre 1875.

Le nombre des caractères chinois est, en quelque sorte, sans limite, comme est celui des mots de toute langue écrite quelconque. Seulement, les uns sont classiques, c'est-à-dire consacrés par les autorités compétentes, les autres, quoi qu'ayant toutes les apparences de classification, n'ont pas encore été admis dans les lexiques ; enfin, il y a les termes vulgaires, ou ceux qui n'ont aucun élément qui puisse justifier leur classification normale. Dans le dictionnaire dont il est question, il y a beaucoup de caractères que l'on ne trouve, ni dans Kang-hi, ni ailleurs. Dans mon dictionnaire géographique chinois-français, intitulé *Hoa-fa-ti-li-tchi*, dont le 1ᵉʳ volume, publié par le ministère de l'agriculture et du commerce, est actuellement sous presse, j'ai rapporté beaucoup de caractères, recueillis sur les cartes ou sur les lieux mêmes. Les uns sont vulgaires, et n'ont aucun des éléments classiques voulus, d'autres, au contraire, possèdent les trois éléments, bases de l'écriture chinoise : *hiéroglyphiques, idéographiques* et *phonétiques*.

Nous avons, en français, des termes qui, en quelque sorte, rappellent ces distinctions. Ainsi, M. Stanislas Julien, de l'Institut, avait introduit, dans notre langue, le mot de *sérigène*, terme qui se rapporte à tout ce qui appartient à la soie et, cependant, ses confrères, auteurs du Dictionnaire de l'Académie, n'ont pas cru devoir l'accepter. J'ai suivi l'exemple de mon illustre maître, j'ai proposé les termes de *séritechnie*, de *sériférie* et d'autres qui présentent tous les éléments classiques désirables.

Pour l'étude des trois éléments, base de l'écriture chinoise, il faut consulter surtout le *Systema phoneticum*, de Callery, dont je dois avouer que M. Stanislas Julien n'a pas approuvé la nomenclature combinée; cependant, il est regrettable que des causes étrangères à la science, que des dissidences, suite d'une délicatesse excessive de sentiments, de la part de ce dernier, aient divisé deux savants, à des points de vue différents, et qui, réunis en un seul but, auraient pu rendre de plus grands services encore, pour l'étude et la connaissance des langues orientales.

# XXV

*Conclusion*

En résumé, j'ai voulu :

Rappeler que la première copie ou imitation du mécanisme Vaucanson, signée du nom de Jacquard, entièrement inapte au tissage, a été exécutée, en 1804, par Bonhomme et Futinet, mais que ledit Jacquard s'en est audacieusement déclaré l'auteur et l'inventeur.

Rappeler que le deuxième essai d'établissement du même mécanisme, également décoré de la signature de Jacquard, non encore susceptible d'un emploi régulier, a été exécuté par Breton, sur le conseil de M. Laselve, et que ledit Jacquard s'en est également déclaré l'auteur et l'inventeur, la mécanique ayant été établie dans l'atelier du sieur Imbert, quai de Retz, 45, sous la direction de M. Grand, contre-maître de M. Camille Pernon, protecteur avoué des époux Jacquard.

J'ai voulu, surtout :

1° Remplir un devoir de conscience. Ayant été appelé jadis à des fonctions publiques qui avaient pour objet l'étude de la soie, et par conséquent quelque rapport, avec celles dont Vaucanson avait été antérieurement investi, j'ai cru de mon devoir de fournir les éléments qui étaient à ma disposition, pour faire connaître la véritable origine du mécanisme, propre au tissage des étoffes façonnées et, par conséquent, j'ai essayé de soulever le voile qui la couvrait, laissant à mes successeurs le soin de le déchirer complétement, avec les nouveaux éléments qu'ils obtiendront, dans l'intérêt de la morale, de l'histoire, de la justice et de la vérité.

2° Engager le monde savant et industriel, tous les honnêtes gens, animés de l'amour de la justice et de la vérité, à adopter le simple nom de *Lyonnaise*, déjà proposé dans l'opuscule intitulé : *Essai sur l'histoire de la fabrique lyonnaise*, en remplacement du nom légendaire de *Jacquarde*, ou *mécanique à la Jacquard*, attendu que cet appareil, dit *Lyonnaise*, employé pour le tissage des étoffes façonnées, a été inventé et mis en usage par Vaucanson, à l'intention et en hommage de ladite fabrique lyonnaise.

3° Provoquer le zèle des amis des sciences, des arts et des manufactures, pour réparer les injustices passées, en faisant élever à Vaucanson un monument plus durable que le bronze et le marbre, celui de la publication et de la description complète, technique et scientifique des travaux de ce grand personnage, tant en mémoires, dessins, modèles et travaux divers, moyen le plus propice, soit pour honorer convenablement celui qui en est l'objet, que pour permettre de recueillir entièrement le fruit de ses œuvres, en excitant une légitime émulation chez ses successeurs.

4° Rendre un témoignage de reconnaissance à l'Académie des sciences, dont Vaucanson fut une des gloires les plus pures, ainsi qu'au Conservatoire des arts et métiers, dont il fut le créateur et qui a conservé religieusement le dépôt des productions de ce grand académicien-mécanicien. Oserai-je émettre un vœu, une espèce d'hommage anticipé à la Chambre de commerce, à la Société d'agriculture, des sciences, lettres et arts utiles de Lyon, pour l'acte éclatant qu'elles peuvent rendre ensemble dans cette circonstance, elles qui possèdent tant de ressources et qui savent souvent les consacrer aux intérêts généraux et particuliers de l'industrie. Que de grâces leur seraient offertes, quels services elles rendraient à toutes les branches du commerce, à toutes les ramifications des sciences et des arts utiles, si elles assuraient la publication complète des œuvres de Vaucanson !

5° J'ai voulu démontrer par des faits authentiques, par des preuves matérielles, que la plupart des inventions n'étaient que des perfectionnements, des modifications, des améliorations de systèmes successifs antérieurs, et que le véritable inventeur était celui qui savait les appliquer heureusement, et obtenir un résultat utile. J'ai voulu prouver, d'une manière saisissante, incontestable, que chaque pays pouvait fournir de véritables illustrations, sans qu'il fut nécessaire d'en créer de factices, sans avoir besoin de fabriquer des idoles et des mythes de mauvais aloi, recueillis parmi les déclassés et les mendiants. Certes, le prestige des muses et des beaux arts, l'éclat des fleurs de la fiction et de l'imagination peuvent bien un instant, un temps plus ou moins long, les rendre célèbres et populaires, bientôt l'histoire impartiale, l'inexorable vérité arracheront leurs masques et renverseront leurs temples.

Aussi, l'historien, l'artiste, le poète, le peintre, le sculpteur doivent-ils étudier parfaitement les faits, avant de traiter un sujet, se pénétrer que le talent seul ne suffit pas ; qu'avant tout, il faut être dans le positif, le certain et le vrai, qu'on doit être probe, afin d'être taxé d'habile ou d'éminent, qu'on doit être juste, honnête et reconnaissant envers les vrais bienfaiteurs du pays. Rendons donc à Dieu ce qui appartient à Dieu, et à Vaucanson tous les tributs et le mérite dus à ses travaux et à son génie.

Fig. 25. — Portrait de Vaucanson, avec tous ses attributs.

# SOMMAIRE

# GRAVURES



Moniteur des Soies. — Lyon, imp. L. Bourgeon, rue Mercière.